楽しい調べ学習シリーズ

暗号の大研究

歴史としくみをさぐろう！

[監修] 伊藤正史

PHP

はじめに

　「暗号」というと、どのようなものを思いうかべますか？
　おそらく、次のふたつのうちのどちらかではないでしょうか。ひとつは、伝えたい言葉を事前に相手と決めておいた別の言葉に置きかえて、まわりの人には秘密にしながら伝える「隠語」とよばれるものです。そしてもうひとつは、たとえば「山」に対して「川」と返すように、相手に何かを問いかけて、事前に決めておいた言葉を返せるかで仲間かどうかをたしかめる「合言葉」とよばれるものです。
　このように遠くにいる相手に安全に情報を伝えたり、その相手がだれかを確認したりすることができる暗号は、かつて戦争や外交において国や一部の組織でひっそりと使われていた、文字通り「暗い」技術でした。しかし今では、コ

ンピュータで情報を安全にあつかうために欠かせない、「明るい」技術になっています。人々に安心をあたえてくれる「暗号」といってもよいでしょう。

　現在の暗号は、そのしくみが公開され、世界中の研究者が自由にチェックできるようにすることで、本当に安全な暗号かどうかがたしかめられています。よりたくさんの人たちが暗号に興味をもってくれたら、未来の暗号はますます安全になっていくでしょう。

　この本では、みなさんにも興味をもってもらえるように、暗号の歴史や「からくり」をやさしく紹介しています。みなさんも、暗号の世界をのぞいてみませんか？

伊藤 正史

はじめに ……………………………… 2

私たちのまわりの暗号 ……………………………… 6

🔒 「暗号」ってなに？ ……………………………… 8

第1章 暗号の歴史

古代エジプトの「ヒエログリフ」は暗号？ ……………………………… 10

文字を入れかえるスキュタレー暗号 ……………………………… 12

文字を置きかえるシーザー暗号 ……………………………… 14

文字を数字で表す上杉暗号 ……………………………… 16

専用の機械でつくるパープル暗号 ……………………………… 18

文字を数字に置きかえるD暗号 ……………………………… 20

🔒 暗号を話す人たち ……………………………… 22

第2章 現代の暗号

通信ネットワークと暗号 ……………………………… 24

インターネットで必要とされる暗号 ……………………………… 26

コンピュータによる暗号化の基本 ……………………………… 28

「共通かぎ暗号」と「公開かぎ暗号」 ……………………………… 30

現代の共通かぎ暗号の種類 ……………………………………………… 32

代表的な共通かぎ暗号「DES暗号」 …………………………………… 34

DES暗号に続く「AES暗号」 …………………………………………… 36

暗号の大革命「公開かぎ暗号」 ………………………………………… 38

世界初の公開かぎ暗号「RSA暗号」 …………………………………… 40

RSA暗号の公開かぎと暗号化 …………………………………………… 42

RSA暗号の秘密かぎと復号 ……………………………………………… 44

ハイブリッド方式の登場 ………………………………………………… 46

🔒 暗号をつくってみよう！ …………………………………………… 48

第3章 私たちのくらしと暗号

ウェブサイトと暗号 ……………………………………………………… 50

電子メールと暗号 ………………………………………………………… 52

電子マネーと暗号 ………………………………………………………… 54

テレビ放送と暗号 ………………………………………………………… 56

電子投票と暗号 …………………………………………………………… 58

生体認証と暗号 …………………………………………………………… 60

さくいん ……………………………………………………………… 62

私たちのまわりの暗号

私たちのくらしは、目には見えない暗号によって守られています。暗号は、どんなところで使われているのでしょうか。

暗号はいろいろなところで使われている

私たちの身近には、情報をやりとりするための機器がたくさんあります。

たとえば、パソコンやスマートフォンで、インターネット（→50ページ）に接続すると、たくさんの情報を手に入れることができます。そのほかにも、テレビ（→56ページ）の映像を見たり、ICカード（→54ページ）で電車に乗ったり買い物をしたりするときにも、たくさんの情報をやりとりしています。

そうした情報をほかの人にぬすまれないようにするために、暗号の技術が使われているのです。

アンテナ

テレビ
テレビ局から送られる映像は、暗号化されている。アンテナで受け取って「B-CASカード（→56ページ）」でもとの映像にもどして見る。

インターネットを利用するときは、ほかの人に情報がもれないようにするために暗号が使われている。

パソコン

スマートフォン

タブレット

ウェブサイト

ウェブサイト（→50ページ）では、どんな暗号が使われているのかな。

ICカード*

ICカードに記録されている残高や個人情報を正しく安全に管理するために、暗号が使われている。

*ICはintegrated circuit（集積回路）の略で、ICカードはICを内蔵した情報の記録や計算をおこなうカードのこと。

スマートフォン

スマートフォンにICカードと同じ機能をもたせたものもある。

ICカードで支払いできるお店がどんどんふえているね。

人のからだも暗号に？

人のからだにも、暗号に利用されている部分がたくさんあります。

指紋や声は、みんなそれぞれちがっています。そのちがいを判別して、本人確認をすることができるのです。本人確認をして、とびらのかぎを開けたり、スマートフォンのロックを解除したりするのに使われます。さらに、からだの特ちょうを利用した暗号の研究も進められています。

指紋認証（→60ページ）

指紋（指のしわのかたち）のちがいで、個人を特定する。

顔認証（→60ページ）

顔のパーツのポイントとなるところに点を打ち、点の位置のちがいで個人を特定する。

DNAで個人を特定することができるよ。

DNAを使った暗号（→61ページ）

DNAは、すべての生きものがもっている物質。個人ごとに少しずつちがっていることを生かして、世界でひとつだけの暗号をつくる研究が進められている。

「暗号」ってなに？

　暗号とは、伝えたい情報を、伝えたい人にだけわかるように変化させた「秘密の記号」や、「秘密の記号」をつくる技術のことです。昔からある暗号は、紙などに書いてつくりました。しかし現代では、暗号はコンピュータでつくります。コンピュータのおかげで、文字だけでなく、画像や映像などのさまざまなデータを暗号化することができます。現代の暗号には、おもにふたつの大切な役割があります。

情報を秘密にする

　情報を「秘密の記号」にして伝えるのが、暗号のひとつめの役割です。これを「秘匿」といいます。
　郵便を出すときに、はがきに文を書くと、その内容はだれにでも見ることができます。便せんに書いてふうとうに入れれば、その内容は見えなくなります。暗号は、インターネット上などで、ふうとうのようなはたらきをしています。

本人であると証明する

　暗号を使うと、通信をおこなっているのが本人であるかどうかをたしかめることができます。これが暗号のふたつめの役割で、「認証」といいます。
　ふだんの生活で自分が本人であることを証明するには、パスポートやマイナンバーカードなどの身分証明書を見せます。暗号は、インターネットのなかで、身分証明書のはたらきをします。

第1章
暗号の歴史

暗号は、今から約2500年前に登場しました。長い歴史のなかで、暗号がどのように利用されてきたのかを見てみましょう。この章では、世界最古の暗号から、コンピュータが登場する前までの暗号について紹介します。

暗号っていつからあるの？

古代エジプトの「ヒエログリフ」は暗号？

暗号は、数千年の歴史をもつといわれています。古代エジプトの身分が高い人の墓から、特別な文字で書かれた文が見つかっていますが、これは暗号のはじまりでしょうか。

🔑 古代エジプトの文字「ヒエログリフ」

今から5100年以上前の古代エジプトで、ヒエログリフという文字が使われはじめました。この文字は、約3000年間、使われ続けました。

ヒエログリフは、絵をもとにしてつくられた象形文字です。たとえば、「ア」の音はエジプトハゲワシ、「イ」の音はアシという植物の穂で表されます。また、音ではなく、「歩く」、「男」などの単語を表すこともあります。

かつてヒエログリフは、解読不能ななぞの文字とされていました。私たちにとっては、まるで暗号のようです。

音を表す文字

エジプトハゲワシ

アシの穂

ひとつの文字や文字の組み合わせで音を表す。

意味を表す文字

歩く　男

ひとつの文字や文字の組み合わせで、意味のある単語を表す。

🔑 ロゼッタストーンにより解読される

長い間、解読不能ななぞの文字とされていたヒエログリフですが、1822年についに解読されました。なぞが解けるきっかけとなったのは、ロゼッタストーンとよばれる古代エジプトの石碑の一部が発見されたことでした。

ロゼッタストーンは、今から約2200年前につくられ、1799年にエジプトのロゼッタでナポレオン軍によって発見されました。その表面には、エジプトのヒエログリフと、デモティックとよばれる民衆の文字、そしてギリシャ文字で同じ内容がきざまれていました。

フランスの古代エジプト学の研究者・シャンポリオンが、3種類の文字を比較し、ヒエログリフの解読に成功したのです。

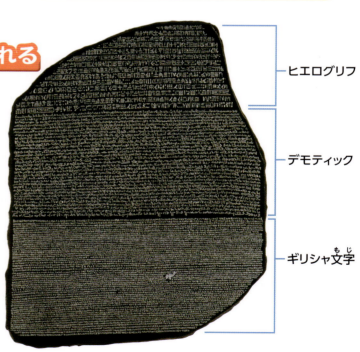

ロゼッタストーン（レプリカ） 王をたたえる文と、その王のための神殿祭りについての文が書かれている。

🔑 目立たせるために使われた暗号

　ヒエログリフは、のちの時代の人々にとっては長い間、暗号のようなものでしたが、古代エジプトの人々にとってはふつうの文字であり、決して暗号ではありませんでした。しかし、ヒエログリフの研究が進むにつれ、ヒエログリフにも暗号があることがわかってきました。

　たとえば、ふつうのヒエログリフでは正面から書く口を、横から見たように書いたり、「F」という文字を表すのに「F」ではじまるものを象形文字にして書いたりしているのです。日本語で、「帰る」と書くところにカエルの絵をかいたり、カエルの絵を「か」の文字として使ったりするのに似ています。

　このような特別なヒエログリフは、今から4000年近く前から見られるようになり、3500年前には、ひんぱんに使われるようになっています。身分の高い人や王の墓に文を書くときに使われました。

　ただし、特別なヒエログリフは文章の内容を秘密にするというよりも、墓の主の権威を示したり、目立たせたりするために使われていたと考えられています。

ラムセス3世の墓の壁画

古代エジプトの王・ラムセス3世の在位中に起きた戦争のようすや、神々をたたえる壁画にも、ヒエログリフが書かれている。

> 墓のいろいろなところに、ヒエログリフが書かれているよ。

🔓 情報をかくす方法

古代ギリシャの情報伝達術

　今から2400年以上前の古代ギリシャの歴史家・ヘロドトスが書いた歴史書には、人の頭に文章をかくす方法が書かれています。人の頭の毛をそって文字を書き、髪の毛が生えたら、その人を文章を送る相手のもとに行かせるのです。

　この方法は、文字を変えるわけではないので、暗号とはいえません。しかし、文字を読めないようにするという点では暗号に近いもので、敵の目をあざむきながら文章を伝える手段としては、もっとも古いもののひとつといえるでしょう。

　このように、文章をかくす技術を、「ステガノグラフィー」といいます。

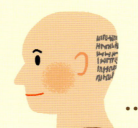

髪の毛をそって、頭に文字を書く。

髪の毛が生えるまで待つ。

頭に文字が書かれていることがわからなくなる。

第1章　暗号の歴史

世界でいちばん古い暗号

文字を入れかえるスキュタレー暗号

記録に残っているもっとも古い暗号は、古代ギリシャで考案された「スキュタレー暗号」とよばれる暗号です。文章の文字のならびを入れかえるしくみの暗号でした。

古代ギリシャの暗号

今から約2500年前になると、古代ギリシャに暗号が登場します。

古代ギリシャには、ポリスとよばれる小さな都市国家がたくさんあり、たがいに勢力を争っていました。なかでも有力なポリスのひとつだったスパルタで使われたのが、スキュタレー暗号とよばれる暗号です。スキュタレー暗号では、革ひもとスキュタレーという棒を使って文字の順序を入れかえて、暗号文をつくりました。

こうしたしくみの暗号を「転置式暗号」といいます。

スパルタの位置
スパルタは、現在のギリシャのペロポネソス半島にあった都市。

スキュタレー暗号のしくみ

スキュタレーに革ひもをらせん状に巻きつけます。そして、巻いたままの状態で、革ひもの上に棒と同じ向きに文章を書いていきます。

文章を書き終わって革ひもをスキュタレーからはずすと、文字の順序がわからなくなり、もとの文を読むことができなくなります。これで暗号文の完成です。

明日の朝、スパルタに敵が来る！

すぐに暗号で知らせよう。

暗号文のつくり方

スキュタレー

文字を書く向き

スキュタレーから革ひもをはずすと、文字の順序がわからなくなる。

完成！

暗号をもとの文にもどす

暗号文の書かれた革ひもを受け取った人は、スキュタレーに巻きつけて、もとの文章を読みます。暗号文をつくるときに使うスキュタレーと、同じ太さのスキュタレーを事前に用意しておくことが必要です。

もしも革ひもが、情報を知られたくない人の手にわたっても、スキュタレー暗号のしくみがわからなければ、解読することはできません。また、暗号のしくみを知られても、スキュタレーの太さを知られなければ、情報を守ることができます。

第1章 暗号の歴史

スキュタレーの役割

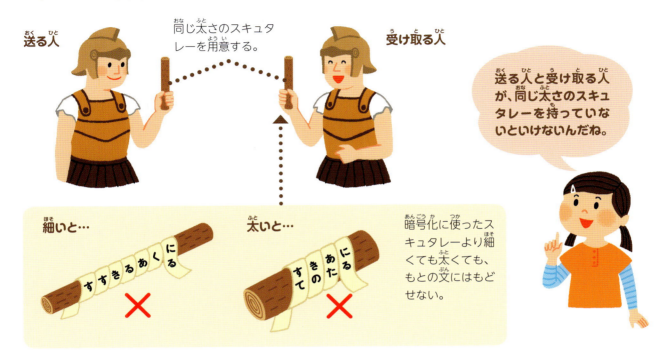

送る人と受け取る人が、同じ太さのスキュタレーを持っていないといけないんだね。

暗号化に使ったスキュタレーより細くても太くても、もとの文にはもどせない。

「暗号化」と「復号」

文章を暗号文にすることを「暗号化」、暗号文をもとの文にもどすことを「復号」といいます。また、もとの文は「平文」とよばれます。

平文を暗号化したり、暗号文を復号したりするためには、決まった手順(暗号のしくみ)と、細かい決まりが必要です。この細かい決まりを「かぎ」といいます。

スキュタレー暗号では、「革ひもをスキュタレー(棒)に巻きつける」というのが暗号のしくみです。そして、スキュタレーの太さが「かぎ」にあたります。

また、本来暗号を受け取る人以外のだれかが、暗号文を解いて平文にもどすことを、「解読」といいます。

暗号化・復号・解読の関係

かぎを見つけて、平文を読んでやるぞ！

暗号文をつくった人と同じかぎをもつ人が復号できる。かぎを自力で見つけて平文を手に入れることを解読という。

13

古代ローマの将軍が考えた
文字を置きかえるシーザー暗号

スキュタレー暗号の登場から約400年後、古代ローマでスキュタレー暗号とはちがったしくみの暗号が登場します。「シーザー暗号」とよばれる、文字を置きかえるしくみの暗号です。

🔑 文字をずらして暗号化する

　今から2100年ほど前、古代ローマで新しい暗号が登場しました。この暗号は、当時古代ローマで権力をにぎっていたシーザー将軍が考えたともいわれ、「シーザー暗号」とよばれます。

　シーザー暗号では、もとの文字を、その文字から、アルファベット順で決まった数だけずらした文字に置きかえます。シーザー暗号のように、文字を他の文字に置きかえる暗号を「換字式暗号」といいます。

ガイウス・ジュリアス・シーザー
(紀元前100年ごろ～紀元前44年)
古代ローマ時代に活やくした将軍。ガリア戦争に勝利して、ローマ帝国の領土を広げた。

ローマ帝国(紀元前43年ごろ)

オレンジ色の部分が、当時のローマ帝国の領土。

シーザー暗号のしくみ

　シーザー暗号のしくみを、ひらがなで考えてみましょう。

　ひらがなで暗号文をつくるときは、50音順をもとにします。3文字ずらす場合は、「て」は「に」に、「き」は「こ」になります。暗号文を送る相手には、事前に3文字ずらすと伝えておきます。

　たとえば、「てきみえた」という平文を、3文字後ろにずらし、「にこもきて」と相手に伝えます。暗号文を受け取った人は、反対に、3文字前にずらして復号すれば、平文を読むことができます。

　平文を知られたくない人の手に暗号文がわたっても、シーザー暗号のしくみを知らなければ、解読することができません。また、シーザー暗号であると知られても、「3文字ずらす」という「かぎ」を知られなければ、情報を守れます。

「てきみえた」の暗号化

解読法が発見された換字式暗号

換字式暗号のなかでも、シーザー暗号のような暗号文のはじめから終わりまで同じ方法で文字を置きかえるものを、「単換字暗号」といいます。

ヨーロッパでは、単換字暗号はとても安全な暗号だと考えられ、長く使われていました。しかし、9世紀ごろのアラビアで、「頻度分析」とよばれる単換字暗号の解読法が発見されます。

たとえば、英語の場合、文章の中にもっとも多く使われているアルファベットは、「e」で、もっとも使われていないアルファベットは「z」です。これは、どのような文章でもだいたい同じになります。そこで、暗号文にどんなアルファベットがどのくらい使われているかを調べ、もっとも多く使われているアルファベットを「e」だと予想するのです。「e」の置きかえ方を他のアルファベットにも当てはめて、解読します。

この解読法が発見されたことで、ヨーロッパでは暗号の研究が急速に進み、より複雑な暗号が考えられるようになりました。

換字式暗号の解読

右の暗号文は、単換字暗号でつくられていて、暗号化のかぎはわかっていません。こうした暗号は、頻度分析によってかんたんに解読できます。

それぞれのアルファベットを何回ずつ使っているかを調べると、右の表のようになります。暗号文の「m」がいちばん多く登場しているとわかるので、暗号文の「m」が平文の「e」であると考えてみます。アルファベット順で前に8つずらすと、「m」を「e」にすることができます。

そこで、「8つずらす」をかぎだと考え、すべてのアルファベットを前に8つずらすと、右下のようになります。平文にもどすことができたので、解読成功です。

> すべてひらがなで書かれた日本語の文は、「い」がいちばん多く使われているよ。

頻度分析による解読

暗号文

> Uiztmg eia lmil: bw jmoqv eqbp. Bpmzm qa vw lwcjb epibmdmz ijwcb bpib. Bpm zmoqabmz wn pqa jczqit eia aqovml jg bpm ktmzoguiv, bpm ktmzs, bpm cvlmzbismz, ivl bpm kpqmn uwczvmz. Akzwwom aqovml qb: ivl Akzwwom'a vium eia owwl cxwv 'Kpivom, nwz ivgbpqvo pm kpwam bw xcb pqa pivl bw. Wtl Uiztmg eia ia lmil ia i lwwz-viqt.

アルファベットの使われている回数を調べる。

頻度分析をする

a	b	c	d	e	f	g	h	i
16	20	7	1	6	0	5	0	24

j	k	l	m	n	o	p	q	r
5	7	14	(30)	3	10	17	13	0

s	t	u	v	w	x	y	z
2	7	5	16	20	2	0	17

a b c d (e) f g h i j k l (m) n o p q ……

アルファベット順で前に8つずらすと……

すべてのアルファベットを前に8つずらす。

平文

> Marley was dead: to begin with. There is no doubt whatever about that. The register of his burial was signed by the clergyman, the clerk, the undertaker, and the chief mourner. Scrooge signed it: and Scrooge's name was good upon 'Change, for anything he chose to put his hand to. Old Marley was as dead as a door-nail.

ディケンズ『クリスマス・キャロル』の冒頭

日本の戦国時代の武将も暗号を使っていた
文字を数字で表す上杉暗号

日本でも戦国時代に、情報の重要性に気づいていた武将がいました。敵に情報をわたさないために、仲間どうしの情報の伝達に暗号を使っていたのです。

暗号の大切さを知っていた武将

今から450年以上前の戦国時代に活やくした武将のひとりに、上杉謙信がいます。謙信は、情報を守ることの重要性を理解していたといわれています。

家来の宇佐美定行が書き残した兵法書（戦のしかたが書かれた本）の中に、暗号のつくり方が書かれています。この暗号は、「上杉暗号」とよばれています。

上杉謙信(1530～1578年)
越後国(佐渡島をのぞく今の新潟県)を治めていた戦国大名(中央)。戦いで情報を伝えるときに、暗号を使っていたと考えられている。(「川中島激戦之図」新潟県立図書館蔵)

上杉暗号のしくみ

上杉暗号は、ひとつの文字をふたつの数字で表すのが特ちょうです。

文字をふたつの数字に変換するときには、右のような暗号表を使います。7×7のマス目をつくり、その中にひらがな（右の表はいろは順）48音を右上から順番に書いていきます。表の外にたての列と横の列を表す「一」から「七」の数字を書きます。これで暗号表の完成です。

この暗号表は、「字変四十八」とよばれています。

たとえば、「てきみえた」と伝えたい場合、「て」は「五七」、「き」は「六三」、「み」は「六六」、「え」は「五六」、「た」は「三二」となります。ひらがな48音に、たてと横のそれぞれ数字ふたつの組み合わせが、わり当てられるのです。

味方どうしで同じ暗号表を持つことで、送られてきた暗号文をもとの文にもどして、メッセージを読むことができます。

暗号表「字変四十八」

暗号表を共有している人だけが、もとの文を読むことができる。

送る人　　　受け取る人

暗号をもとの文にもどす

上杉暗号で送られてきた暗号文は、どうすれば平文にもどすことができるのでしょうか。

まずは、数字を前から順に、ふたつずつの組み合わせに分けます。このふたつ一組の数字が、ひらがな1文字を表しています。

ふたつ一組にした数字のうち、前の数字は表のたての列を表します。後ろの数字は横の列を表します。ですから、「五七」は、「たて五の列と横七の列の交わるマスのひらがな」、つまり「て」を表しています。

同じようにして、すべてのふたつ一組の数字をひらがなにもどすと、暗号文をもとの文にもどすことができます。

暗号表を使ってもとにもどす

五……たての列の数字
七……横の列の数字

五七＝て
六三＝き
六六＝み
五六＝え
三二＝た
↓
「敵、見えた」

上杉暗号のパターンは無限？

シーザー暗号（→14ページ）の場合、暗号化するときに文字をずらすだけなので、48文字しかないひらがなで暗号文をつくると、ひとつずつ文字をずらして、最大で48回試せば、暗号文をもとの文にもどすことができます。

しかし、上杉暗号は、暗号表の数字のならべ方を変えたり、数字ではなく文字に置きかえたりして、多くのパターンをつくることができます。そのため、暗号表を持たない人にとっては、暗号文の解読がとてもむずかしくなります。

数字の順番を変える

一 二 三 四 五 六 七

ゑ	あ	や	ら	よ	ち	い	一 五
ひ	さ	ま	む	た	り	ろ	二
も	き	け	う	れ	ぬ	は	四
せ	ゆ	ふ	る	そ	る	に	六
す	め	こ	の	つ	を	ほ	三
ん	み	え	お	ね	わ	へ	七
	し	て	く	な	か	と	

「上杉暗号」であるとわかっても、暗号表の数字のならび方がわからないと、もとの文はわからない。

数字のかわりに和歌を使う

と ま や ぢ う を よ

ゑ	あ	や	ら	よ	ち	い	ひ
ひ	さ	ま	む	た	り	ろ	と
も	き	け	う	れ	ぬ	は	は
せ	ゆ	ふ	る	そ	る	に	い
す	め	こ	の	つ	を	ほ	ふ
ん	み	え	お	ね	わ	へ	な
	し	て	く	な	か	と	り

和歌の下の句の14音を使う。下の句7・7それぞれのなかで、同じ文字が2回以上使われていない句を選ぶ。

わが庵は 都のたつみ しかぞすむ
世をうぢ山と 人はいふなり

戦時中に暗号技術が大きく発展した

専用の機械でつくるパープル暗号

第二次世界大戦で日本の外務省が使った暗号は、暗号文をさらに暗号化する複雑なもので、解読が困難なものでした。

🔑 世界最高レベルの暗号機

第二次世界大戦のころ、敵に情報がもれないようにするため、世界の暗号技術はどんどん進歩していきました。日本でも、1937年、「九七式欧文印字機」という暗号機が開発されました。この暗号機による暗号は、アメリカでは「パープル暗号」とよばれていました。

九七式欧文印字機は、解読が困難な暗号機として広く知られていたドイツの「エニグマ」よりも複雑なしくみをもつ、当時としては世界最高レベルの優れた暗号機で、外務省による外交文書のやりとりにさかんに使われました。

エニグマ
ドイツの暗号機。

エニグマは、「なぞ」という意味の言葉だよ。

九七式欧文印字機の模造品

日本の外務省が実際に使っていた暗号機は、残っていない。写真は、暗号解読のためにアメリカがつくった模造品。

パープル暗号のしくみ

パープル暗号は、換字式暗号（→14ページ）の一種です。九七式欧文印字機に文字を打ちこむと、まず入力用プラグボードという部分で、平文のアルファベットが別のアルファベットに変換されます。このとき、母音である「A、I、U、E、O」と「Y」の6文字と、それ以外の20文字（子音）に分けられます。

次に、ロータリーラインスイッチによって、母音は1回、それ以外の文字は3回、さらに暗号化されます。変換された文字は、最後に出力用プラグボードを通って暗号文となります。

何度も暗号化することで、複雑な暗号をつくっているんだね。

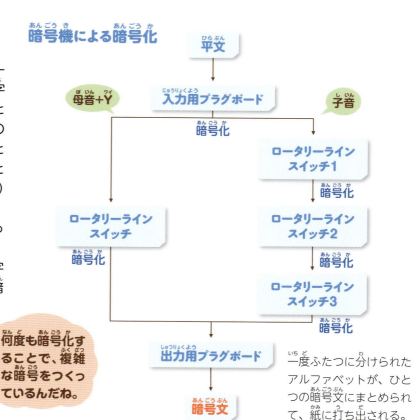

暗号機による暗号化

平文 → 入力用プラグボード
- 母音+Y → ロータリーラインスイッチ → 暗号化
- 子音 → ロータリーラインスイッチ1 → 暗号化 → ロータリーラインスイッチ2 → 暗号化 → ロータリーラインスイッチ3 → 暗号化
→ 出力用プラグボード → 暗号文

一度ふたつに分けられたアルファベットが、ひとつの暗号文にまとめられて、紙に打ち出される。

ふたつの暗号を比べて解読

　アメリカは、専門のチームをつくって、パープル暗号の解読にいどみましたが、とても複雑な暗号で、解読はなかなか進みませんでした。

　しかし、九七式欧文印字機は世界のおもな都市の日本大使館にしかなく、それ以外の場所とやりとりをするためには、古い暗号機である「九一式欧文印字機」による暗号を使っていることがアメリカの調査でわかりました。

　九一式欧文印字機は、アメリカでは「レッド暗号」とよばれ、すでに解読ができていました。そこでアメリカは、レッド暗号の暗号文を解読した平文と、パープル暗号による暗号文を見比べることで、パープル暗号の解読をおこなったといわれています。

　こうして、アメリカでのパープル暗号の解読が進み、1940年には九七式欧文印字機の模造品がつくられます。そして1941年に、アメリカはパープル暗号の解読に成功しました。

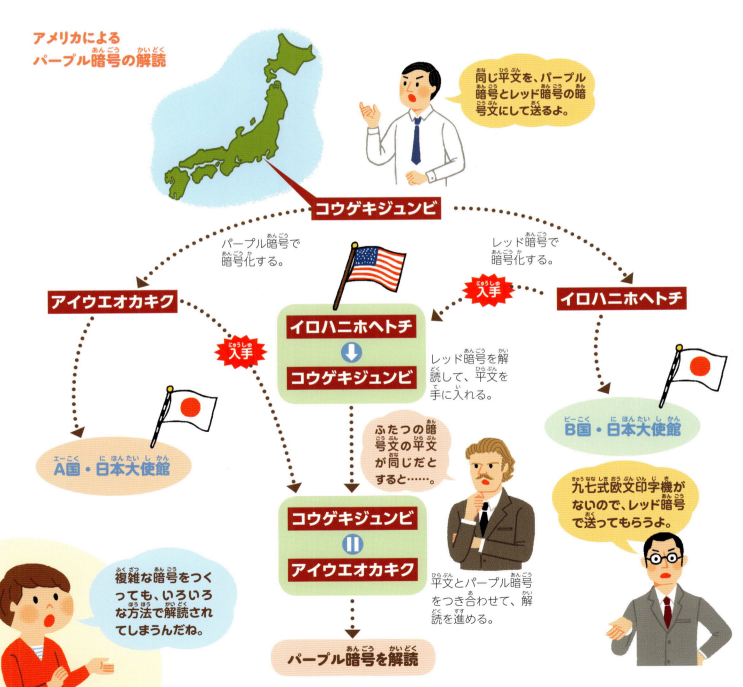

アメリカによるパープル暗号の解読

暗号が戦争の勝敗をも左右した

文字を数字に置きかえるD暗号

第二次世界大戦中、日本海軍は、文字や単語をあらかじめ決められた数字（コード）に変換する「D暗号」という暗号を使っていました。

日本海軍が使っていたD暗号

第二次世界大戦中、日本では、組織ごとに別の暗号を使っていました。海軍では、「海軍暗号書D」とよばれる暗号書を用いて、暗号をつくっていました。この暗号は、「D暗号」とよばれています。D暗号は、文字や数字をあらかじめ決められた数字（コード）に変換する「コード式暗号」です。また、一部の地名はアルファベットを使ってコード化されました。

D暗号の「1次暗号書」には、単語や文字を5けたの数字に置きかえるコードが書かれています。たとえば、「十月一日」は「77739」、「出撃ス」は「53046」とコード化されます。これらのコードやその組み合わせを1次暗号文といいます。

次に、乱数の表から取り出した5けたの乱数を使って、さらに複雑な暗号文にします。乱数とは法則性のない数字の列のことです。こうしてできた暗号文を2次暗号文といいます。

2次暗号文を受け取った人は、同じ乱数を使い逆の作業をおこなって、平文にもどします。

1次暗号書・発信用のコードの例

第1部		
おもに、日づけや人数などを表すコードなどが書かれている。	77739	十月一日
	81957	十月二日
	74451	十月三日
	93114	！
	86247	？

第2部		
ふつうの文章を暗号化するときに使うコードが書かれている。	06120	出動準備
	61623	出願ス
	53046	出撃ス
	38835	タイプライター
	76278	タイヤ

第3部		
おもに、戦争で使う船の名前や地名などを表すコードが書かれている。	48849	東京
	61107	富士山
	40278	津軽海峡
	51606	香港
	02343	フィリピン

1次暗号書には発信用と受信用があり、発信用は3部に分かれていた。3万以上の語句や地名などのコードがあった。

D暗号による暗号化のしくみ

「出撃ス」という文を、D暗号で暗号化してみます。

1

出撃ス
＝
53046

1次暗号書によって、「出撃ス」にわり当てられた「53046」というコードが1次暗号文になる。

2

```
  5 3 0 4 6   1次暗号文
＋ ＋ ＋ ＋ ＋
  7 4 9 6 8   乱数
```

乱数の表のなかから乱数を選び、1次暗号文にたす。ここでは仮に、乱数を「74968」とする。

3

```
   5  3 0  4  6
 ＋ ＋ ＋ ＋ ＋
   7  4 9  6  8
 ＝ ＝ ＝ ＝ ＝
  12  7 9 10 14
```

計算した答えの1の位をならべた「27904」が、2次暗号文になる。

D暗号が戦争のゆくえを決めた?

D暗号は、日本とアメリカが戦争をはじめる約1年前の1940年12月から使われはじめました。アメリカは、さっそくD暗号の解読をはじめますが、1941年12月の日米開戦をむかえても、まだほとんど解読できずにいました。

日本の大本営(当時の最高戦争指揮機関)からハワイ攻撃に向かっている海軍の部隊に攻撃(開戦)を指示した暗号文は、このD暗号で作成されました。

1942年1月に、アメリカは沈没した日本の船から暗号書を引きあげると、5月ごろにはD暗号をほぼ解読することに成功します。

その直後の1942年6月、日本海軍はハワイ諸島北西にあるミッドウェー島のアメリカ軍基地とアメリカ軍の部隊を攻撃します。この攻撃に関する通信がD暗号によって作成されていたため、アメリカは日本が大規模な攻撃をしかけようとしていることをいち早く察知しました。

しかし、攻撃の目的地とされている「AF」がどこなのかがわかりません。そこで、「AF」を「ミッドウェー島」と推測して、「ミッドウェー島で真水が不足」と日本が解読できるアメリカの暗号を使って通信をおこないました。すると日本海軍は、「AFで真水が不足」とD暗号を使って通信しました。これによって、「AF」がミッドウェー島と判明したのです。

暗号の解読によって事前に攻撃を知っていたアメリカは、日本を万全の準備でむかえます。そのため、日本はこの戦いで、多くの船を失いました。

この「ミッドウェー海戦」の大敗北を境に、戦局は少しずつ日本にとって不利なものとなっていきます。D暗号の解読が、戦争の結果を大きく左右することになったのです。

ミッドウェー島

ミッドウェー島は、ハワイ諸島の北西に位置している。ハワイを守るために、アメリカにとって重要な島だった。

情報を守ることは、戦争の勝ち負けにかかわるほど、重大なことなんだね。

「AF」の解読方法

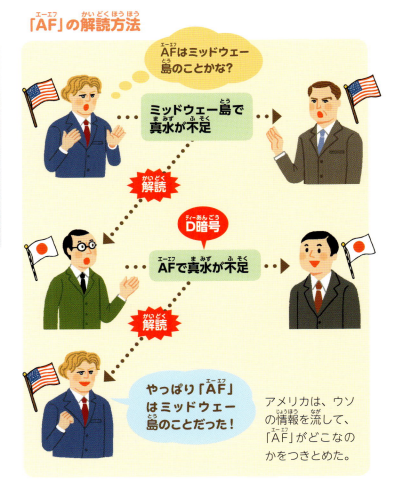

アメリカは、ウソの情報を流して、「AF」がどこなのかをつきとめた。

第1章 暗号の歴史

暗号を話す人たち

少数の人だけが使う言語は、暗号として使われることがあります。言語を暗号として話す人を、「コード・トーカー」とよびます。

アメリカのコード・トーカー「ナバホ族」

アメリカに古くから住んでいる部族に、ナバホ族がいます。彼らの話す言語は、文法がとても複雑なうえ、発音がむずかしいものです。ナバホ族以外にその言語を理解できるのは、ごく少数のアメリカ人研究者だけでした。そのため、ナバホ族の人々は、戦時中にコード・トーカーとして暗号兵になりました。

ナバホ族の言語には「戦艦」や「潜水艦」などの単語はなかったので、「戦艦」は「くじら」、「潜水艦」は「鉄の魚」など、別のナバホ語の単語に置きかえて情報の伝達をしていました。コード・トーカーの訓練を受けたナバホ族どうしでしかやりとりできない、難解な暗号でした。

暗号兵として活動したナバホ族の像
ナバホ族が自治権をもつ、アメリカ国内の「ナバホ・ネイション」の中心都市には、暗号兵として活動したナバホ族の像が建てられている。

方言が暗号に？

日本でも、コード・トーカーによる通信がおこなわれていました。日本には、日本中の人が理解できる共通語のほかに、地域特有の言葉、方言があります。たとえば、鹿児島県と宮崎県のある地域の方言（薩隅方言）は、その地域の人にしか理解できないほど共通語とはちがっています。

戦時中、薩隅方言を早口で話して、電話でドイツにいる仲間と情報を伝え合うことがありました。電話をぬすみ聞きしていたアメリカは、何語なのかもわからず、解読が進みません。しかし、鹿児島県にゆかりのあるアメリカ人が、薩隅方言を早口で話しているだけだと気づいたため、その後すぐに解読されました。

うんだささでげ つうんどる。
おれは再来月に帰る。

えが、まっちょい。
よろしい、待ってる。

ドイツ
日本

なんて言っているのかわからない！

第2章
現代の暗号

コンピュータが登場したことで、暗号は大きく発展しました。インターネット上の情報を守るために、世界中で暗号が使われるようになりました。この章では、コンピュータでつくられる現代の暗号について説明します。

安全・便利な生活のために使われる暗号に

通信ネットワークと暗号

かつて、暗号は戦争のために、かぎられた人々が使うものでした。しかし、現代では、暗号は私たちの生活に欠かせないものとなっています。

🔑 コンピュータのはたらき

　1章で紹介したシーザー暗号（→14ページ）や上杉暗号（→16ページ）、パープル暗号（→18ページ）など、昔の暗号は、戦争で敵に情報をわたさないために使われていました。ところが第二次世界大戦が終わると、暗号の役割は大きく変わることになります。

　戦後、情報通信技術が急速に発達し、電話やファックス、携帯電話、そしてインターネットが、一般の人々に使われるようになりました。しかし、通信ネットワークの中でやりとりされる情報は、他の人にのぞかれる可能性があります。「盗聴（ぬすみ見）」や「なりすまし」、「改ざん（内容を変えること）」などの危険から、情報を守る必要が出てきたのです。

　そこで、通信ネットワークの中で、情報を守る手段として注目されたのが、暗号です。

　通信内容を暗号化すれば、暗号が解読されないかぎり、情報がもれても悪用される心配はありません。そこで、さまざまな研究者が、通信ネットワークの中で安全に通信をおこなうための暗号を研究しました。その結果、DES暗号（→34ページ）やAES暗号（→36ページ）など、さまざまな暗号が登場し、私たちは安心して、携帯電話やパソコンなどでインターネットを使えるようになりました。

　一方で、暗号を解読する技術も進歩しているため、今も世界中でさまざまな種類の暗号が研究され、より安全性の高い暗号の開発が続けられています。

インターネット上の危険

盗聴（ぬすみ見）

自分が送受信したメールの内容や、通信ネットワーク上のファイルが、他の人に勝手に見られる危険がある。

なりすまし

通信している相手が別の人になりすましていたり、だれかが自分の名前を使って通信していたりする。

改ざん

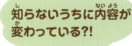

自分あてに届いた情報がだれかに書きかえられたものだったり、自分の書いた情報がだれかに書きかえられたりする。

情報を暗号化して送る

通信内容を暗号化するといっても、私たちは自分で暗号文をつくっているわけではありません。ウェブサイト(→50ページ)を見たり、電子メール(→52ページ)を送ったりするときに、コンピュータが自動的に情報を暗号化するシステムになっているのです。

たとえばインターネットで買い物をするとき、住所や電話番号、クレジットカードの番号などの個人情報をショッピングサイトに入力します。入力された個人情報はコンピュータで暗号化され、インターネットを通じてショッピングサイトへ送信されます。暗号化された個人情報は、ショッピングサイトで復号して手続きが完了します。

暗号化にも復号にも「かぎ」が必要ですから、通信のとちゅうで盗聴されたとしても、かぎがなければ、他の人が個人情報の内容を知ることはできません。これで、安全に個人情報を送ることができるのです。

現代の暗号は、盗聴の防止だけでなく、プライバシーの保護や情報の改ざん防止、なりすまし防止など、さまざまな役割をもっています。たとえば、銀行のATMでお金を引き出したり、携帯電話で通話したりできるのも、暗号がこれらのシステムすべてを根本で成り立たせているからです。暗号は、安全で便利な生活のために、欠かせない技術になっています。

第2章 現代の暗号

インターネット上の暗号化と復号

通信ネットワークで使われる暗号のかぎと暗号方式

インターネットで必要とされる暗号

インターネット上では、多くの人がさまざまな情報をやりとりします。このため、現代の暗号には昔の暗号とはちがう特ちょうが生まれました。

🔑 たくさんのかぎが必要

かつて戦争で使われていた暗号の場合、暗号方式（文章を暗号化したり、暗号文を復号したりする手順）やかぎなどの情報は、暗号を送る人と受け取る人だけが知る秘密でした。そのため、かぎの種類も多くは必要ありませんでした。

一方、インターネットなどの通信ネットワークを通じて、世界中にいる多くの人々がたがいにやりとりをする場合、人々はより安全な暗号を使おうとします。その結果、みんなが同じ方式の暗号を使うようになります。

このとき、かぎの種類が少なかったら、どうなるでしょうか。同じかぎで解読することができる文書が、大量に世の中に出まわってしまうことになります。たとえば、アルファベットを使うシーザー暗号（→14ページ）の場合、かぎの数（ずらし方）はわずか26通りでした。日本が第二次世界大戦で使っていたパープル暗号（→18ページ）でも、使われていたかぎの数は12万通り（のちに24万通り）しかありません。これでは、世界中の人々が安心して暗号を使うには、かぎの数が少なすぎます。

また、かぎの種類が少ないと、すべてのかぎのパターンを実際に試して解読することができます。その点でも、かぎの種類が少ないと安心して使える暗号とはいえません。

現代の暗号には、地球上のすべての人がもてるほど、たくさんのかぎが必要とされています。暗号方式が知られても、かぎを知られなければ解読できないようにすれば、秘密にするのがかぎだけでも、安全性が保てるのです。

シーザー暗号のかぎ

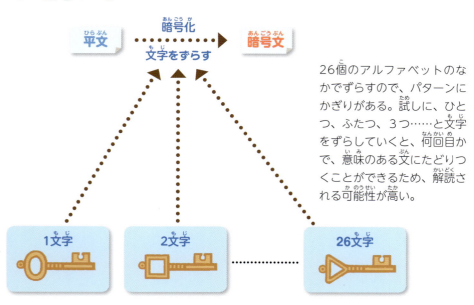

26個のアルファベットのなかでずらすので、パターンにかぎりがある。試しに、ひとつ、ふたつ、3つ……と文字をずらしていくと、何回目かで、意味のある文にたどりつくことができるため、解読される可能性が高い。

現在、地球には70億人以上の人がくらしているから、かぎが26通りでは少なすぎるね。

暗号方式を公開する

多くの人が安全性の高い暗号方式を使うようになるということは、多くの人がその暗号方式を知っているということです。つまり、暗号方式を公開しているのと同じことになります。実際に、現代の暗号は暗号方式を世界中に公開しています。それは、その暗号方式の安全性を高めるためでもあります。

たとえば、新しく開発された暗号方式を公開すると、専門家がその暗号が本当に安全かどうかを調べることができます。専門家によって安全性が評価されると、多くの人が安心して、その暗号方式を使うことができます。反対に、安全性に問題があると指摘された場合、その暗号方式を見直して改良することができるのです。

現代の暗号は、暗号方式を公開することで、さらに安全性を高めることができるようになっています。

暗号方式の評価

昔と現代の暗号のちがい

現代の暗号は、昔の暗号とは利用者や目的など、いくつかのちがいがあります。戦争に使われていた暗い歴史から考えると、現代の暗号は、人々に安心をあたえる明るい技術になっているといえます。コンピュータを使えるようになったことも、現代暗号の大きな特ちょうです。

	昔	現代
利用者	かぎられた国や組織など。通信相手は仲間のみ	だれにでも利用できる。知らない相手とも通信する
目的	軍事や外交などで、敵や他国に情報をわたさないために使われた	軍事や外交だけでなく、人々の安全で便利なくらしを守るためにも使われている
かぎの数	少なくてもよい	たくさん必要
秘密にすること	かぎ、暗号方式	かぎ
作成方法	人の手、機械（暗号機）	コンピュータ

数字を使って情報を処理する

コンピュータによる暗号化の基本

現代の暗号は、基本的に処理速度が速く、正確なコンピュータでつくられています。文字はすべて数字に置きかえられ、計算によって処理されます。

文字を数字に置きかえるコード化

キーボードで文字を入力したり、入力した文字が画面に表示されたりすることから、多くの人はコンピュータが文字や文章をあつかえると思っているかもしれません。しかし、コンピュータは、数字しかあつかえないため、文字はすべて数字に置きかえられています。

文字を数字に置きかえることを「コード化」といい、置きかえられた数字を「文字コード」といいます。それぞれの文字には、ある数字がわり当てられています。わり当てにはいくつかの種類があり、もっともよく使われているのが、「ASCIIコード」です。ASCIIコードでは、アルファベットや記号などの文字を 0 から 127 の数字に置きかえます。たとえば、ASCIIコード表（右ページ）では、アルファベットの「A」の場合、文字コードは「65」となります。

ASCIIコードによる文字のコード化

A ·········· コード化 ▶ 65

コンピュータであつかう数字

文字をコード化しても、そのままコンピュータで処理できるわけではありません。コンピュータは、電気の通っている状態を 1、電気の通っていない状態を 0 として処理しています。ですから、コンピュータで処理できる数字は、「0」と「1」の 2 種類だけなのです。

では、2 以上の数字はどうやって表すのでしょうか。私たちがふだん使う数字は、10になると、けたがくり上がる「10進法」という数え方です。コンピュータが、数字を 0 と 1 に置きかえるときには、「2進法」という方法を使います。2 になると、けたがくり上がる数え方です。たとえば 10 進法の「2」は、2 進法では「10」になります。

「A」をコード化した「65」の場合、2進法で表すと「01000001」です。この 8 けたの数字のうち、0 か 1 かで表される 1 けたの数字を「ビット」といいます。これが、コンピュータの中のもっとも小さな情報単位です。また、ビットが 8 つ集まったものを、「バイト」といいます。

2進法のしくみ

10進法　0　1　2　3　4　5　…　9　10

2進法　0　1　10　11　100　101　…　1001　1010

2進法では、1の位が1になると、次はけたが上がる。

2進法による数字の置きかえ

65 ·········▶ 0100 0001

1ビット
1バイト

コンピュータによる暗号化

　コード化と、2進法による置きかえによって、それぞれの文字が、0と1だけの8けたの数値になりました。コンピュータは、これらの数値を複雑な計算式によって別の数値に置きかえることで暗号化します。つまり、数値を別の数値に置きかえるときの計算式が、暗号方式ということになります。

　たとえば、シーザー暗号（→14ページ）について考えてみましょう。「A、B、C、D、E…」という26文字を、それぞれ「1、2、3、4、5…」という数字にコード化します。さらに、暗号化する前の数字をx、暗号化した数字をyで表すと決めます。文字を2つずつずらす場合、シーザー暗号は、

　　$x + 2 = y$*

という計算式で表すことができます。実際は、もっと複雑な計算式によって、安全性の高い暗号をつくり出しています。

＊yが26をこえたときは、26でわったあまりが暗号文になる。

コンピュータの中の文字表現（ASCIIコード表）

文字	ASCIIコード	コンピュータ
!	33	00100001
"	34	00100010
#	35	00100011
$	36	00100100
%	37	00100101
&	38	00100110
'	39	00100111
(	40	00101000
)	41	00101001
*	42	00101010
+	43	00101011
,	44	00101100
-	45	00101101
.	46	00101110
／	47	00101111
0	48	00110000
1	49	00110001
2	50	00110010
3	51	00110011
4	52	00110100
5	53	00110101
6	54	00110110
7	55	00110111
8	56	00111000

文字	ASCIIコード	コンピュータ
9	57	00111001
;	58	00111010
:	59	00111011
<	60	00111100
=	61	00111101
>	62	00111110
?	63	00111111
@	64	01000000
A	65	01000001
B	66	01000010
C	67	01000011
D	68	01000100
E	69	01000101
F	70	01000110
G	71	01000111
H	72	01001000
I	73	01001001
J	74	01001010
K	75	01001011
L	76	01001100
M	77	01001101
N	78	01001110
O	79	01001111
P	80	01010000

文字	ASCIIコード	コンピュータ
Q	81	01010001
R	82	01010010
S	83	01010011
T	84	01010100
U	85	01010101
V	86	01010110
W	87	01010111
X	88	01011000
Y	89	01011001
Z	90	01011010
[	91	01011011
¥	92	01011100
]	93	01011101
^	94	01011110
-	95	01011111
`	96	01100000
a	97	01100001
b	98	01100010
c	99	01100011
d	100	01100100
e	101	01100101
f	102	01100110
g	103	01100111
h	104	01101000

文字	ASCIIコード	コンピュータ
i	105	01101001
j	106	01101010
k	107	01101011
l	108	01101100
m	109	01101101
n	110	01101110
o	111	01101111
p	112	01110000
q	113	01110001
r	114	01110010
s	115	01110011
t	116	01110100
u	117	01110101
v	118	01110110
w	119	01110111
x	120	01111000
y	121	01111001
z	122	01111010
{	123	01111011
		124	01111100
}	125	01111101
~	126	01111110

※ 0〜32、127には、改行などの特殊な文字がわり当てられている。

暗号方式には2種類ある
「共通かぎ暗号」と「公開かぎ暗号」

暗号が生まれてからずっと、暗号化と復号に使うかぎは、同じかぎを使うのがふつうでした。現在は、暗号化とは別のかぎで復号する方法もあります。

かぎの種類で分ける

現代の暗号には、大きく分けて2種類の暗号方式があります。「共通かぎ暗号」と「公開かぎ暗号」です。共通かぎ暗号は、暗号化と復号に「共通かぎ」を使います。一方の公開かぎ暗号は、暗号化と復号に別のかぎを使います。公開かぎ暗号で使うかぎには、「公開かぎ」と「秘密かぎ」があります。

公開かぎは、名前のとおり、公開されるよ。

同じかぎを使う共通かぎ暗号

共通かぎ暗号は、昔から使われてきた暗号です。1章で紹介したスキュタレー暗号（→12ページ）やシーザー暗号（→14ページ）、上杉暗号（→16ページ）も、共通かぎ暗号です。

共通かぎ暗号のしくみは、かぎ穴のある宝箱と、そのかぎにたとえられます。宝箱にかぎをかけるのが暗号化、宝箱を開けるときに同じ形のかぎを使うのが復号です。

宝箱を共通のかぎで開ける

暗号化 ▶ 復号

宝箱にかぎをかける。　宝箱を開ける。

共通かぎ暗号のしくみ

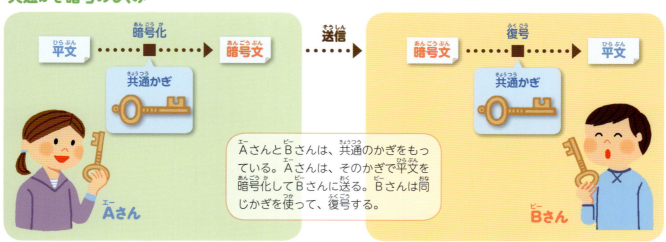

平文 → 暗号化 → 暗号文　送信　暗号文 → 復号 → 平文
共通かぎ　　　　　　　　　共通かぎ

AさんとBさんは、共通のかぎをもっている。Aさんは、そのかぎで平文を暗号化してBさんに送る。Bさんは同じかぎを使って、復号する。

Aさん　　　　　　　　　　　　　　　　　Bさん

2つのかぎを使う公開かぎ暗号

公開かぎ暗号は、20世紀後半に生まれた、新しい暗号方式です。公開かぎで暗号化し、秘密かぎで復号します。公開かぎでは、暗号文を復号することができません。

公開かぎ暗号のしくみは、南京錠と、そのかぎにたとえられます。宝箱に南京錠（公開かぎ）でかぎをかけるのが暗号化、南京錠をかぎ（秘密かぎ）で開けるのが復号です。

南京錠をかぎで開ける

暗号化 ・・・・・ 復号

宝箱に南京錠でかぎをかける。　　宝箱を開ける。

公開かぎ暗号のしくみ

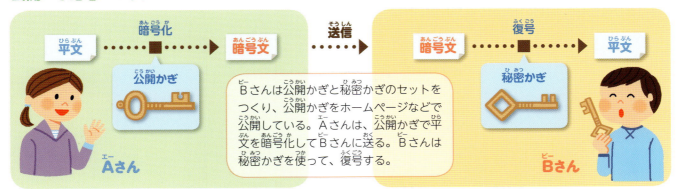

Bさんは公開かぎと秘密かぎのセットをつくり、公開かぎをホームページなどで公開している。Aさんは、公開かぎで平文を暗号化してBさんに送る。Bさんは秘密かぎを使って、復号する。

共通かぎ暗号と公開かぎ暗号のちがい

現代の共通かぎ暗号は、コンピュータで処理しているため、古典的な暗号とは比べものにならないほど安全性の高い暗号方式になっています。公開かぎ暗号は、さらに安全性の高い暗号方式です。共通かぎ暗号と公開かぎ暗号の特ちょうを比べてみましょう。

	共通かぎ暗号	公開かぎ暗号
必要なかぎ	共通かぎ	公開かぎ、秘密かぎ
暗号化と復号	どちらも共通かぎでおこなう	公開かぎで暗号化したら、秘密かぎで復号する
かぎ	通信したい相手ごとにかぎを変える	通信したい相手全員に同じ公開かぎを使ってもらってよい
かぎの配布	かぎを安全に受けわたしする必要がある	公開かぎをホームページなどで公開する（配布がかんたん）
通信速度	処理が速い	処理に時間がかかる
暗号方式の例	シーザー暗号、上杉暗号、DES暗号（→34ページ）、AES暗号（→36ページ）など	RSA暗号（→40ページ）、エルガマル暗号など

暗号化の方法がいくつも開発された
現代の共通かぎ暗号の種類

共通かぎ暗号の安全性を高めるため、さまざまな研究がされてきました。コンピュータの処理能力を生かして、暗号化の方法は複雑になっています。

🔑 共通かぎ暗号には2種類ある

　現代の共通かぎ暗号の安全性は高く、ウェブサイト（→50ページ）やICカード（→54ページ）の暗号化など、さまざまなところで利用されています。たくさんの方法が開発されていますが、共通かぎ暗号の暗号化の方法には、大きく分けて2種類あります。「ストリーム暗号」と「ブロック暗号」です。

　ストリーム暗号は、平文をコード化することで得られた0と1の数値（→28ページ）を、コンピュータのもっとも小さな情報単位である1けたの「ビット」、または8けたの「バイト」ごとに暗号化する方法です。

　もうひとつのブロック暗号は、ビットやバイトの集まりを、一定の長さに区切ってブロック化し、そのブロックごとに暗号化する方法です。

ストリーム暗号のしくみ

　細かい単位で処理をおこなうので、処理が速いのが特ちょうです。代表的なストリーム暗号には、RC4があり、無線でインターネットにつなげる無線LANや、インターネットのSSL（→50ページ）などで使われていました。安全なストリーム暗号の研究が進んだのは、まだ最近のことです。

1ビットごとに暗号化する

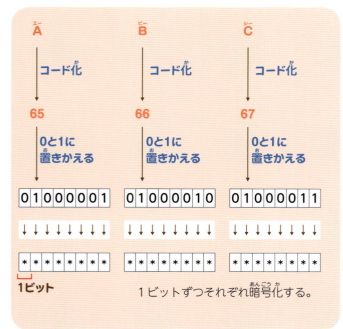

1ビットずつそれぞれ暗号化する。

1バイトごとに暗号化する

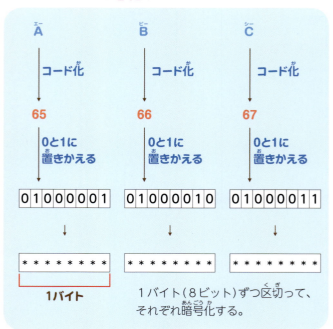

1バイト（8ビット）ずつ区切って、それぞれ暗号化する。

ブロック暗号のしくみ

平文を64ビット（8バイト）や128ビット（16バイト）など一定の長さに区切ってブロックをつくり、ブロック単位で暗号化します。代表的なブロック暗号に、DES暗号（→34ページ）、AES暗号（→36ページ）などがあります。

ブロック暗号のほうが、ストリーム暗号よりも安全性を評価する研究が進んでいるといわれているよ。

ブロックごとに暗号化する

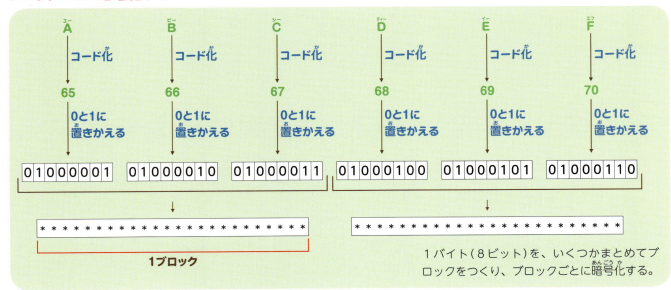

1バイト（8ビット）を、いくつかまとめてブロックをつくり、ブロックごとに暗号化する。

日本で開発されたブロック暗号

共通かぎ暗号のなかでも、ブロック暗号は数え切れないほどたくさん開発されています。たとえば、代表的なのがDES暗号（→34ページ）とAES暗号（→36ページ）です。このふたつは海外でつくられた共通かぎ暗号ですが、日本で開発されたブロック暗号もたくさんあります。ここでは、そのうちのいくつかの例を紹介します。

• MULTI2

1988年に日立製作所が暗号製品「MULTI」シリーズのひとつとして開発しました。BSやCSなどの衛星放送で、加入者だけが番組を見られるようにするための暗号として用いられています。さらに現在では、地上デジタル放送（→56ページ）でも使用されています。

• MISTY／KASUMI

MISTYは、1995年に三菱電機によって開発されました。ブロック暗号には3つの強力な暗号解読法がありますが、どれに対しても十分な安全性をもつよう設計されています。ブロックの長さは64ビットで、かぎの長さは128ビットと長く、安全性の高い暗号方式です。

2000年には、MISTYを基本として次世代携帯電話用の「KASUMI」が開発され、世界中で標準化されました。

この他、CIPHERUNICORN（日本電気）、SC2000（富士通）、Hierocrypt（東芝）、Camellia（NTTと三菱電機）、CLEFIA（SONY）など、多くのブロック暗号が開発されています。より高い安全性や、暗号化の速度の向上などを目指して、現在も新しいブロック暗号の研究がおこなわれています。

暗号方式を公開し、世界中で長く使われてきた

代表的な共通かぎ暗号「DES暗号」

1970年代につくられたDES暗号は、安全性が高いことに加え、暗号方式が公開されたことから、世界中で使われるようになりました。

ブロック暗号のひとつ「DES暗号」

共通かぎ暗号のなかでも、初期のブロック暗号としてよく知られている暗号に、「DES暗号*」があります。DES暗号では、64ビットのブロックごとに暗号化します。さらに、長い平文を暗号化する方法にはいくつかの種類があり、これを「暗号化モード」といいます。暗号化モードは、目的や平文の特ちょう、通信環境などによって使い分けられています。

DES暗号は、インターネットやクレジット決済など、幅広い分野で利用されています。

*DESは、Data Encryption Standard（データ暗号化標準）の頭文字。

DES暗号のしくみ

DES暗号では、8ビットの数値8個（64ビット）でひとつのブロックと考えます。コンピュータは、アルファベットなどを1文字8ビットの数値に置きかえている（→28ページ）ので、ちょうど8文字分をひとつのブロックにしていることになります。

暗号化では、基本的に2種類の処理をおこないます。ひとつは「転置」といって、64けたの数値の左32けたと右32けたを入れかえるというものです。もうひとつは、「加算」といい、右32けたはそのままで、左32けたにだけ、右32けたの値とかぎの値からつくり出す「加算値」を加えるものです。かぎは56けたで、コンピュータ上の特殊な方法で計算されます。このふたつのセットを1段として、16段くり返すことで複雑にしています。

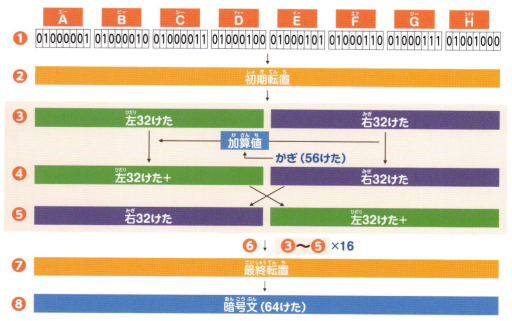

1ブロックの暗号化

❶ 平文を64けたのブロックごとに分ける。
❷ 64けたを入れかえる。
❸ 64けたを左右で32けたずつに分ける。
❹ 左32けたに、右32けたとかぎから作成した「加算値」を加える。
❺ 左右32けたを入れかえる。
❻ ❸〜❺を16回くり返す。
❼ 64けたを入れかえる。
❽ 暗号文の完成。

暗号方式を公開して世界基準に

DES暗号は、1973年にアメリカ商務省標準局がおこなった標準暗号の公募によって採用された暗号方式です。世界初のブロック暗号とされるIBM社の「ルシファー」をもとに改良してつくられました。

もともとは政府や政府と取引のある企業などとのやりとりに使われていましたが、暗号方式が公開され、さまざまな企業間の取引で使用されるようになりました。1981年には、アメリカ規格協会の標準にみとめられると、世界標準暗号となります。

それまで秘密にするのが当然だった「暗号方式」と「かぎ」のうち、暗号方式を公開するということは、暗号の歴史上、とても大きなできごとでした。DES暗号の誕生は、暗号研究に大きな影響をあたえました。その後、DES暗号を参考に、多くの暗号がつくられることになったのです。

コンピュータの進歩とDES暗号

かぎとなる数値のビット数が多くなるほど、暗号の解読には時間がかかるようになり、そのぶん安全性は上がります。

DES暗号のかぎは56ビットですが、56ビットの数値でつくることができるかぎの種類は、約7200兆の10倍にもなります。ひとつのかぎを試すのに0.01秒かかるとしても、すべてのかぎを試し終わるまでに、約2285万年かかる計算になります。

しかし、コンピュータの進歩は目覚ましく、DES暗号ができて20年ほどの間にコンピュータの計算能力はますます高まりました。その結果、56ビットというかぎの長さでは短すぎて安全性がじゅうぶんではなくなり、1990年以降、つぎつぎと解読法が明らかになります。

そのためDES暗号は、AES暗号（→36ページ）の登場によって使われることがへり、2005年には、アメリカの標準暗号ではなくなりました。

DES暗号の解読法

全数探索法
すべてのかぎを試す方法で、いつか必ず解読できる。コンピュータの性能の向上によって、解読にかかる時間が短くなってきた。

線形解読法
1993年に見つかった解読法。DES暗号に対して、全数検索法よりも効率的に解読ができる。

かぎが56ビットになったわけ

DES暗号のもとになったルシファーの設計当初のかぎは64ビットでした。DES暗号にするときに8ビットもへらしたのはなぜでしょうか。

当時、アメリカ政府は57ビット以上のかぎを使う暗号の輸出を制限していました。そのため、輸出制限を受けないように、DES暗号は56ビットのかぎになったのです。56ビットだったおかげで、DES暗号は世界標準になることができたといえます。

ではなぜ、アメリカ政府は57ビット以上の暗号の輸出を制限していたのでしょうか。はっきりとした理由はわかりませんが、アメリカ政府の中にある暗号解読の部署は、56ビットまでの暗号しか解読できる能力がなかったため、それ以上複雑な暗号の輸出をみとめなかったのではないかといわれています。

公募で決まった新しい共通かぎ暗号

DES暗号に続く「AES暗号」

1990年代、DES暗号の安全性が低くなったことから、アメリカで新しい暗号が公募されました。この暗号を「AES暗号」といいます。

「より進んだ暗号」が必要に

1990年代には、さまざまなかたちでDES暗号の解読コンテストがおこなわれました。提示された平文と暗号文をもとに、かぎを発見するというルールです。

第1回（1997年）のコンテストでは、優勝者は7万台のコンピュータを使い、140日間かけてかぎを見つけました。ところが、そのたった2年後の第4回のコンテストでは、専用の解読機と世界中のコンピュータ（インターネット上で参加者を募集して分担）を使い、22時間15分で解読に成功したのです。

これにより、DES暗号は、もはや安全な暗号とはいえなくなりました。1997年、アメリカは全世界を対象にして、次世代の暗号を公募しました。この暗号は、「より進んだ暗号化の標準」を表す「Advanced Encryption Standard」という英単語の頭文字をとって「AES暗号」と名づけられました。

AES暗号にもとめられたおもな条件は、①DES暗号と同じようにブロック暗号であること、②一度に暗号化する平文のけた数は128けたであること、③かぎのビット数は128けた、192けた、256けたのすべてが利用でき、使い分けられること、④暗号方式をすべて公開して、無料で使えることでした。

DES暗号とAES暗号のちがい

	DES暗号	AES暗号
暗号の種類	ブロック暗号	ブロック暗号
1ブロックのビット数	64ビット（平文の8文字分）	128ビット（平文の16文字分）
かぎの長さ	56ビット	128ビット、192ビット、256ビットが利用できる
暗号方式の公開	公開*	すべて公開

*公開はされているが、なぜそんなしくみにしたのかが不明な「Sボックス」という部分がある。

AES暗号「ラインダール」の採用

　AES暗号の公募には、世界各国の企業、研究者からの応募があり、日本の企業も参加しました。書類審査によって15の候補にしぼられたあと、最終候補として5つの候補が残りました。そして、2000年、ベルギーの企業と大学がいっしょに開発した「ラインダール」という暗号が選ばれて、AES暗号として採用されました。

　最終候補に残った5つの暗号は、基本的にどれも安全性の高いものでした。採用の決め手となったのは、パソコンなどの「ソフトウェア」として暗号化プログラムをつくったときに、他の4つよりもやや速く処理できたことが評価されたといわれています。

　現在、ラインダールは、AES暗号として、無線でインターネットに接続する無線LANなどで、通信内容を暗号化する方法のひとつであるWPA2などに採用されています。他にも、パソコンで使う表計算ソフトでつくったファイルを暗号化して保存するときにも使用されています。こうしたさまざまなソフトウェアで使用できることも、ラインダールが評価された理由のひとつです。

AES暗号ができるまで

1997年〜1998年	公募される	21の候補
↓	書類選考	
1998年	15の候補にしぼられる	
↓	第1・2回候補会議	
1999年	5つの最終候補にしぼられる	
↓	第3回候補会議	
2000年	「ラインダール」が選ばれる	
↓		
2001年	アメリカの標準暗号として登録される	

AES暗号はいろいろなところで使われてるよ。

第2章　現代の暗号

AES暗号が公募された理由

　DES暗号はアメリカでつくられた暗号でした。その開発に、アメリカの国家安全保障局（犯罪防止を目的に、通信を傍受したり、スパイ活動をおこなったりする組織）がかかわっていたという説があり、長い間、「Sボックスにアメリカ政府だけが解読できるしかけがあるのではないか」という疑いがもたれていました。

　AES暗号が公募によって決められることになった背景には、そのような説を否定したいというアメリカ政府の考えもあったといわれています。結果的に、採用されたのはアメリカ以外の国でつくられた暗号だったため、AES暗号が疑いをもたれる心配はなくなりました。

DES暗号　Sボックスになにかしかけが？

暗号方式のなかの、Sボックスのしかけが不明だったため、使用者に疑われた。

AES暗号　公募されたし、暗号方式も公開されているから安心！

暗号方式がすべて公開されたため、世界中の人が安心して使うことができた。

かぎを公開するという新しい発想

暗号の大革命「公開かぎ暗号」

暗号が生まれてからずっと、暗号化と復号には同じかぎが使われてきました。これは、暗号の歴史上、ずっと解決できなかった大きな問題点でもありました。

解決できなかった問題点

共通かぎ暗号の場合、暗号文を送る人と受け取る人が、それぞれ同じかぎを持っている必要があります。つまり、秘密にしたいメッセージを伝える前に、暗号化のための秘密のかぎを相手に送らなければならないということです。これでは、かぎを送るときに、とちゅうでぬすまれる危険性があります。

この問題は、2500年もの長い暗号の歴史上、しかたのないこととされてきました。

さらに、たくさんの相手とのやりとりが必要になると、別の問題も生まれました。共通かぎ暗号の場合、かぎは相手によって変える必要があります。それぞれの相手に、ちがうかぎを送るのは、たいへんな手間がかかりました。

ところが1976年、共通かぎ暗号の問題点を解決する新しい暗号の理論が発表されます。

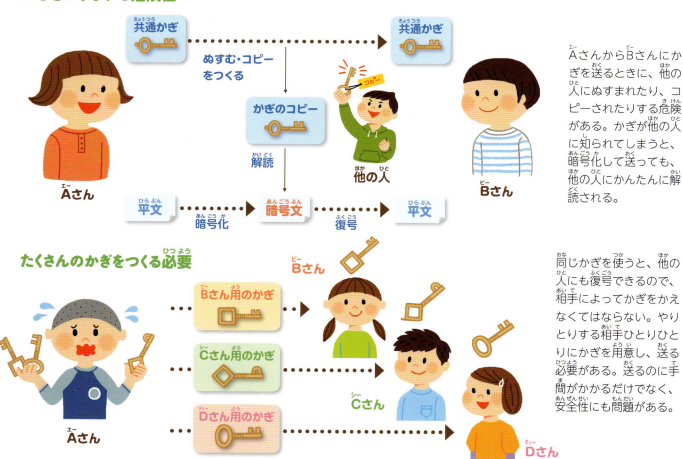

かぎをぬすまれる危険性

AさんからBさんにかぎを送るときに、他の人にぬすまれたり、コピーされたりする危険がある。かぎが他の人に知られてしまうと、暗号化して送っても、他の人にかんたんに解読される。

たくさんのかぎをつくる必要

同じかぎを使うと、他の人にも復号できるので、相手によってかぎをかえなくてはならない。やりとりする相手ひとりひとりにかぎを用意し、送る必要がある。送るのに手間がかかるだけでなく、安全性にも問題がある。

公開かぎ暗号のアイデア

1976年に、アメリカの大学教授マーティン・ヘルマンとアマチュア数学者のウィットフィールド・デフィーは、かぎをふたつ使う「公開かぎ暗号」とよばれる考え方を発表しました。

たとえばふたつのかぎを「かぎX」と「かぎY」とすると、かぎXで暗号化した暗号文は、かぎYで復号します。暗号化したかぎXでは復号できないのです。その反対に、かぎYで暗号化した暗号文は、かぎYでは復号できず、かぎXでしか復号できないというものでした。

1976年に発表されたアイデア

暗号文を受け取りたい人は、ふたつのかぎを用意して、かぎXだけを公開して、このかぎで暗号化して送ってもらう。秘密にしたかぎYで暗号化して、かぎXで復号してもらうこともできる。

ふたつのかぎでできること

公開かぎ暗号では、ひとりひとりが自分専用のふたつのかぎを持つことになります。ふたつのかぎのうち、公開したかぎを「公開かぎ」、もう一方のかぎを「秘密かぎ」とよびます。公開かぎで復号できる暗号文をつくれるのは、ペアになる秘密かぎをもつ人だけです。そのため、暗号化した人が、本人であると証明できます。

本人だと証明することを「認証」といいます。公開かぎ暗号は「デジタル署名」という技術に使われています。デジタル署名を使うと、データの送信者がなりすましでないことや、データが改ざんされていないことを確認できます。

Aさんが本人であると証明するしくみ

第2章 現代の暗号

39

新しい暗号方式と数学①

世界初の公開かぎ暗号「RSA暗号」

1977年に考案されたRSA暗号は、世界で初めての公開かぎ暗号です。公開かぎ暗号の考え方をどうやって実現したのでしょうか。

公開かぎ暗号を実現した「RSA暗号」

1976年にヘルマンとデフィー（→39ページ）が公開かぎ暗号のアイデアを思いついたとき、公開かぎ暗号を実現する方法が見つかるまでには、時間がかかると考えられていました。

ところが、その翌年の1977年、アメリカにあるマサチューセッツ工科大学のリベスト、シャミア、アドルマンという3人の研究者が、公開かぎ暗号を実現する方法を見つけました。この暗号は、3人の名前の頭文字を取って、「RSA暗号」と名づけられました。

発表当時は、まだ共通かぎ暗号が一般的で、あまり注目されてはいませんでした。しかし、それから20年ほどたち、通信ネットワークが発達するにつれて、共通かぎ暗号にはない特ちょうをもつ、RSA暗号が注目されるようになりました。

現在、RSA暗号は、インターネットなどを使ううえで欠かせない、身近な暗号となっています。

RSA暗号に使われる数学

RSA暗号は、数のマジックともいえる数学で成り立っています。まず、RSA暗号は、数学の特別な考え方である「○を法とする世界」で考えます。これは、「ある数を○でわった、そのあまり」のことです。

たとえば「6を法とする世界」では、すべての数字が、6でわったあまりの数字に置きかえられます。1～5は6より小さいので、そのままの数字です。「6」は6÷6＝1なので「0」、「7」は7÷6＝1あまり1なので「1」、「8」は8÷6＝1あまり2なので「2」に置きかえられるという世界です。

もうひとつ、数学であつかう「素数」も、RSA暗号をつくるうえで必要なものです。素数は、「1とその数でしかわり切れない、2以上の自然数」のことで、無限にあります。

RSA暗号は、「○を法とする世界」と「素数」を使ってつくる暗号です。

6を法とする世界

もとの数字	6を法とする世界での数字
1 →	1（1÷6＝0あまり1）
2 →	2（2÷6＝0あまり2）
⋮	⋮
6 →	0（6÷6＝1あまり0）
7 →	1（7÷6＝1あまり1）
8 →	2（8÷6＝1あまり2）

もとの数字が2と8のとき、6を法とする世界では、どちらも「2」になる。

素数の例

2以上の自然数	2	3	4	5	6	7	8
わり切れる数	1, 2	1, 3	1, 2, 4	1, 5	1, 2, 3, 6	1, 7	1, 2, 4, 8
素数かどうか	○	○	×	○	×	○	×

素数は無限に存在する。

RSA暗号の世界の計算

　RSA暗号では、ふたつの素数をPとQとして、「P×Qを法とする世界」で暗号化をおこないます。たとえば、PとQを、それぞれ3と11とすると、P×Q＝3×11＝33なので、「33を法とする世界」で暗号化をおこないます。

　暗号化には、「べき乗」という計算方法を使います。「べき乗」とは、同じ数字を○回かけ合わせるという計算です。たとえば、4を2回かけ合わせることを4の2乗といい、「4^2」と書きます。4の2乗は「$4^2＝4×4＝16$」、4の3乗は「$4^3＝4×4×4＝64$」です。

　「33を法とする世界」に存在する数は、0〜32までです。それぞれの数の「べき乗」をもとめて、「33を法とする世界」の数に置きかえます。たとえば$4^3＝64$の場合、64÷33＝1あまり31なので、「33を法とする世界」では、「$4^3＝31$」となります。下の表は、1乗から4乗までの「べき乗」と、33を法とする世界の数です。

「べき乗」の答えと、33を法とする世界の数字

	1乗 べき乗の答え	1乗 33を法とする世界の数	2乗 べき乗の答え	2乗 33を法とする世界の数	3乗 べき乗の答え	3乗 33を法とする世界の数	4乗 べき乗の答え	4乗 33を法とする世界の数
1	1	1	1	1	1	1	1	1
2	2	2	4	4	8	8	16	16
3	3	3	9	9	27	27	81	15
4	4	4	16	16	64	31	256	25
5	5	5	25	25	125	26	625	31
6	6	6	36	3	216	18	1296	9
7	7	7	49	16	343	13	2401	25
8	8	8	64	31	512	17	4096	4
9	9	9	81	15	729	3	6561	27
10	10	10	100	1	1000	10	10000	1
11	11	11	121	22	1331	11	14641	22
12	12	12	144	12	1728	12	20736	12
13	13	13	169	4	2197	19	28561	16
14	14	14	196	31	2744	5	38416	4
15	15	15	225	27	3375	9	50625	3
16	16	16	256	25	4096	4	65536	31
17	17	17	289	25	4913	29	83521	31
18	18	18	324	27	5832	24	104976	3
19	19	19	361	31	6859	28	130321	4
20	20	20	400	4	8000	14	160000	16
21	21	21	441	12	9261	21	194481	12
22	22	22	484	22	10648	22	234256	22
23	23	23	529	1	12167	23	279841	1
24	24	24	576	15	13824	30	331776	27
25	25	25	625	31	15625	16	390625	4
26	26	26	676	16	17576	20	456976	25
27	27	27	729	3	19683	15	531441	9
28	28	28	784	25	21952	7	614656	31
29	29	29	841	16	24389	2	707281	25
30	30	30	900	9	27000	6	810000	15
31	31	31	961	4	29791	25	923521	16
32	32	32	1024	1	32768	32	1048576	1

もとの数

÷33のあまり

2乗、3乗…と「べき乗」していくと、33を法とする世界の数は、もとの数より大きくなったり小さくなったりして、意味のないならびに置きかえられる。

第2章　現代の暗号

新しい暗号方式と数学②

RSA暗号の公開かぎと暗号化

RSA暗号の暗号化は、「ふたつの素数をかけ合わせた数を法とする世界」でおこなわれます。公開かぎは、この世界のどんな数になるのでしょうか。

RSA暗号の世界の性質

下の表は、「33を法とする世界」に存在するすべての数の「べき乗」をもとめたものです。この表をよく見てみると、おもしろいことがわかります。1から32までの数は、「べき乗」するたびに変化します。けれども、11乗と21乗のところでは、もとの数にもどっているのです。

ふたつの素数PとQをかけた数を法とする世界では、すべての数がもとの数にもどる「べき乗数」が必ず存在します。この不思議な性質によって、RSA暗号は成り立っています。

33を法とする世界の「べき乗」表

	べき乗数																								
	1	2	3	4	5	6	7	8	9	10	11	12	13	14	15	16	17	18	19	20	21	22	23	24	25
1	1	1	1	1	1	1	1	1	1	1	1	1	1	1	1	1	1	1	1	1	1	1	1	1	1
2	2	4	8	16	32	31	29	25	17	1	2	4	8	16	32	31	29	25	17	1	2	4	8	16	32
3	3	9	27	15	12	3	9	27	15	12	3	9	27	15	12	3	9	27	15	12	3	9	27	15	12
4	4	16	31	25	1	4	16	31	25	1	4	16	31	25	1	4	16	31	25	1	4	16	31	25	1
5	5	25	26	31	23	16	14	4	20	1	5	25	26	31	23	16	14	4	20	1	5	25	26	31	23
6	6	3	18	9	21	27	30	15	24	12	6	3	18	9	21	27	30	15	24	12	6	3	18	9	21
7	7	16	13	25	10	4	28	31	19	1	7	16	13	25	10	4	28	31	19	1	7	16	13	25	10
8	8	31	17	4	32	25	2	16	29	1	8	31	17	4	32	25	2	16	29	1	8	31	17	4	32
9	9	15	3	27	12	9	15	3	27	12	9	15	3	27	12	9	15	3	27	12	9	15	3	27	12
10	10	1	10	1	10	1	10	1	10	1	10	1	10	1	10	1	10	1	10	1	10	1	10	1	10
11	11	22	11	22	11	22	11	22	11	22	11	22	11	22	11	22	11	22	11	22	11	22	11	22	11
12	12	12	12	12	12	12	12	12	12	12	12	12	12	12	12	12	12	12	12	12	12	12	12	12	12
13	13	4	19	16	10	31	7	25	28	1	13	4	19	16	10	31	7	25	28	1	13	4	19	16	10
14	14	31	5	4	23	25	20	16	26	1	14	31	5	4	23	25	20	16	26	1	14	31	5	4	23
15	15	27	9	2	12	15	27	9	3	12	15	27	9	2	12	15	27	9	3	12	15	27	9	3	12
16	16	25	4	31	1	16	25	4	31	1	16	25	4	31	1	16	25	4	31	1	16	25	4	31	1
17	17	25	29	31	32	16	8	4	2	1	17	25	29	31	32	16	8	4	2	1	17	25	29	31	32
18	18	27	24	3	21	15	6	9	30	12	18	27	24	3	21	15	6	9	30	12	18	27	24	3	21
19	19	31	28	4	10	25	13	16	7	1	19	31	28	4	10	25	13	16	7	1	19	31	28	4	10
20	20	4	14	16	23	31	26	25	5	1	20	4	14	16	23	31	26	25	5	1	20	4	14	16	23
21	21	12	21	12	21	12	21	12	21	12	21	12	21	12	21	12	21	12	21	12	21	12	21	12	21
22	22	22	22	22	22	22	22	22	22	22	22	22	22	22	22	22	22	22	22	22	22	22	22	22	22
23	23	1	23	1	23	1	23	1	23	1	23	1	23	1	23	1	23	1	23	1	23	1	23	1	23
24	24	15	30	27	21	9	18	3	6	12	24	15	30	27	21	9	18	3	6	12	24	15	30	27	21
25	25	31	16	4	1	25	31	16	4	1	25	31	16	4	1	25	31	16	4	1	25	31	16	4	1
26	26	16	20	25	23	4	5	31	14	1	26	16	20	25	23	4	5	31	14	1	26	16	20	25	23
27	27	3	15	9	12	27	3	15	9	12	27	3	15	9	12	27	3	15	9	12	27	3	15	9	12
28	28	25	7	31	10	16	19	4	13	1	28	25	7	31	10	16	19	4	13	1	28	25	7	31	10
29	29	16	2	25	32	4	17	31	8	1	29	16	2	25	32	4	17	31	8	1	29	16	2	25	32
30	30	9	6	15	21	3	24	27	18	12	30	9	6	15	21	3	24	27	18	12	30	9	6	15	21
31	31	4	25	16	1	31	4	25	16	1	31	4	25	16	1	31	4	25	16	1	31	4	25	16	1
32	32	1	32	1	32	1	32	1	32	1	32	1	32	1	32	1	32	1	32	1	32	1	32	1	32

いちばん左の列が「べき乗」されるこの世界の数、いちばん上の行が何乗するかという数を示す。たとえば、「べき乗」される数が4のときは、1乗で4、2乗で16、3乗で64……となり、64は「33を法とする世界」では31となる。

もとの数にもどる「べき乗数」

33を法とする世界（左ページの表）では、11乗と21乗でもとにもどりました。何乗すればもとにもどるかは、ふたつの素数PとQを知っていれば、計算でもとめることができます。

それは、PとQからそれぞれ1をひいたP－1とQ－1の最小公倍数に1をたした数字です。P×Qを法とする世界で、すべての数がもとにもどる「べき乗数」は、

n×(P－1とQ－1の最小公倍数)＋1

と表すことができます。

そして、このような「べき乗数」は、一定のペースでまたやってきます。そのペースというのは、P－1とQ－1の最小公倍数です。

P＝3、Q＝11のときの、すべての数がもとにもどる「べき乗数」

n×(P－1とQ－1の最小公倍数)＋1
＝n×(3－1と11－1の最小公倍数)＋1
＝n×(2と10の最小公倍数)＋1
＝n×10＋1

n＝1のとき、
1×10＋1＝11

もとの数字にもどる「べき乗数」は11となる。n＝2のときは、「2×10＋1＝21」で、21乗したときにもとの数字にもどる。

🔑 RSA暗号の公開かぎ

「べき乗」していくと、もとの数字にもどる性質のある「○を法とする世界」のしくみを、どうやって暗号に利用するのでしょうか。

RSA暗号では、「もとの数字を何乗したか」という数字が、公開かぎとなります。かぎの数字ぶんの「べき乗」をして、○を法とする世界の数字に置きかえて暗号化します。RSA暗号では、「法とする数字(P×Q)」も公開されます。

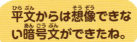

P×Qは公開するけど、PとQは秘密にしておくよ！

暗号化のしくみ

公開かぎの数字を、かりにEと表します。公開かぎの数字Eが3で、法とする数字(P×Q)が33の場合、平文「2、5、15、30」を暗号化してみましょう。平文の数字をそれぞれ3乗して、33を法とする世界の数に置きかえます。これが暗号文ということになります。

公開かぎE＝3、法とする数字(P×Q)＝33の場合

もとの数字（平文）	公開かぎ3（3乗）	33を法とする世界の数字	暗号文
2	$2^3＝8$	8÷33＝0　あまり8	8
5	$5^3＝125$	125÷33＝3　あまり26	26
15	$15^3＝3375$	3375÷33＝102　あまり9	9
30	$30^3＝27000$	27000÷33＝818　あまり6	6

公開かぎ(E)と法とする数字(P×Q)を使って、暗号文をつくる。

平文からは想像できない暗号文ができたね。

新しい暗号方式と数学 ③

RSA暗号の秘密かぎと復号

公開かぎ暗号であるRSA暗号には、公開かぎの他に秘密かぎが必要です。公開かぎからはもとめられない秘密かぎは、どうやってつくるのでしょうか。

🗝 ふたつの素数と秘密かぎ

公開かぎで暗号化された暗号文を平文にもどすには、どうすればよいでしょうか。共通かぎ暗号では、暗号化した手順を逆にたどって、復号していました。けれども、「ふたつの素数をかけ合わせた数を法とする世界」では、このような手順で逆算しても、もとにはもどりません。

しかし、この世界には、さらに「べき乗」すればもとの数字にもどるという性質があります。もとの数字にもどすために、「暗号文をあと何乗するか」が、秘密かぎになります。

RSA暗号では、公開かぎEと、法とする数字（P×Q）が公開されます。秘密かぎは、公開されていない「ふたつの素数（PとQ）」からもとめます。

🗝 秘密かぎのもとめ方

43ページの計算方法を使ってもとめます。暗号文はすでに3乗されているので、それを何乗すれば、全体として、〈n×（P－1とQ－1の最小公倍数）＋1〉乗になるかを考えます。

平文の数値をAとすると、秘密かぎDは、つぎのように表されます。

$$(A^3)^D = A^{\{n \times (P-1 \text{とQ}-1\text{の最小公倍数}) + 1\}}$$
$$3 \times D = n \times (P-1 \text{とQ}-1\text{の最小公倍数}) + 1$$
$$3 \times D = n \times (2 \text{と} 10 \text{の最小公倍数}) + 1$$
$$D = \frac{n \times 10 + 1}{3}$$

n＝2のとき、D＝7となります。

この「7」が、暗号文を復号できる秘密かぎです。43ページで暗号化した暗号文「8、26、9、6」を「33を法とする世界」で復号します。「8、26、9、6」は、右の表の「べき乗数7（ピンク色の部分）」のところで、「2、5、15、30」となっています。計算どおり復号できました。

	べき乗数										
	1	2	3	4	5	6	7	8	9	10	11
1	1	1	1	1	1	1	1	1	1	1	1
2	2	4	8	16	32	31	29	25	17	1	2
3	3	9	27	15	12	3	9	27	15	12	3
4	4	16	31	25	1	4	16	31	25	1	4
5	5	25	26	31	23	16	14	4	20	1	5
6	6	3	18	9	21	27	30	15	24	12	6
7	7	16	13	25	10	4	28	31	19	1	7
8	8	31	17	4	32	25	2	16	29	1	8
9	9	15	3	27	12	9	15	3	27	12	9
10	10	1	10	1	10	1	10	1	10	1	10
11	11	22	11	22	11	22	11	22	11	22	11
12	12	12	12	12	12	12	12	12	12	12	12
13	13	4	19	16	10	31	7	25	28	1	13
14	14	31	5	4	23	25	20	16	26	1	14
15	15	27	9	3	12	15	27	9	3	12	15
16	16	25	4	31	1	16	25	4	31	1	16
17	17	25	29	31	32	16	8	4	2	1	17
18	18	27	24	3	21	15	6	9	30	12	18
19	19	31	28	4	10	25	13	16	7	1	19
20	20	4	14	16	23	31	26	25	5	1	20
21	21	12	21	12	21	12	21	12	21	12	21
22	22	22	22	22	22	22	22	22	22	22	22
23	23	1	23	1	23	1	23	1	23	1	23
24	24	15	30	27	21	9	18	3	6	12	24
25	25	31	16	4	1	25	31	16	4	1	25
26	26	16	20	25	23	4	5	31	14	1	26
27	27	3	15	9	12	27	3	15	9	12	27
28	28	25	7	31	10	16	19	4	13	1	28
29	29	16	2	25	32	5	17	31	8	1	29
30	30	9	6	15	21	3	24	27	18	12	30
31	31	4	25	16	1	31	4	25	16	1	31
32	32	1	32	1	32	1	32	1	32	1	32

（縦軸：この世界の数）

暗号文は、公開かぎE＝3のぶんだけ「べき乗」されているので、さらに7乗して復号した数字は、42ページの「べき乗」の表でいうと21乗の列になっていることになる。

素数はもとめられないの？

RSA暗号をつくるうえで重要なのは、ふたつの素数PとQです。公開される「法とする数字P×Q（PとQをかけた数字）」から、PとQがわかってしまうことはないのでしょうか。

たとえば、これまでにたとえで使っていた「P×Q＝33」は、3×11だとすぐに想像できてしまいます。中学校で学習する素因数分解です。33ならかんたんですが、P×Q＝391ではどうでしょうか。急にむずかしくなります。じつは、かんたんに素因数分解できる方法は、今のところ見つかっていないのです。

実際のRSA暗号では、法となる数字P×Qは310けた以上にもなる数を使っています。これほどけた数が多いと、コンピュータを使っても、PとQを見つけることがむずかしくなります。RSA暗号は、その素因数分解のむずかしさを利用して安全性を保っているのです。

ところで、PとQに利用する素数は、足りなくなることはないのでしょうか。現在使われている155けた程度以下のものの場合でも、10の150乗個（10…で0が150個）以上は存在することがわかっています。これは、世界中の人口だけでなく、地球上のすべての生物にわり当ててもあまるほどの数です。

P×QからPとQを見つける素因数分解

21	33	65	91	391	11303
↓	↓	↓	↓	↓	↓
3×7	3×11	?	?	?	?

かんたん ────────▶ むずかしい

PとQのけたがふえるほど、素因数分解はむずかしくなる。「?」の部分のPとQは、65→5×13、91→7×13、391→17×23、11303→89×127になる。

> 2、3、5…と、順に素数でわり算していっても、けたがふえるとむずかしいね。

17年かけて見つかったPとQ

RSA暗号の考案者のひとりであるリベストは、1977年に、129けたの数からPとQにあたるふたつの素数をみちびき出す問題を発表しました。

この問題が解かれたのは、出題から17年もたった1994年のことです。技術の進歩で計算能力が高まったコンピュータ1600台を使い、8か月間も計算してやっともとめられました。

しかし、年々コンピュータの技術も進歩していて、2010年には、日本のNTTが、スイスやドイツ、フランス、オランダの大学や研究機関との共同研究により、232けたの数からPとQをもとめることに成功しました。コンピュータ技術の発展により、素因数分解が可能なけた数は、これからもふえていく可能性があります。

> 素因数分解できるけた数がふえたら、PとQのけた数をふやしていくしかないね。

RSA129問題

P×Q= 11438162575788886766923577
9976146612010218296721242362562561842935706935245733
89783059712356395870505898
907514759929002687954354

E=9007

D=?

↓

もとめられたPとQ

= 3490529510847650949147849619903898133417764638493387843990820577

= 32769132993266709549961988190834461413177642967992942539798288533

法となる数（P×Q）とかぎEが公開され、秘密かぎDをもとめる問題だったが、PとQをもとめるためだけに17年もかかった。

共通かぎ暗号と公開かぎ暗号を組み合わせる

ハイブリッド方式の登場

共通かぎ暗号と公開かぎ暗号には、それぞれ長所と短所があります。ハイブリッド方式は、ふたつの暗号の短所を補い合う方法です。

ふたつの暗号の問題点

公開かぎ暗号（→38ページ）は、共通かぎ暗号（→32ページ）の問題点を解決するために生まれました。秘密にしたいメッセージを伝える前に、暗号化のためのかぎを安全に相手に送らなければならないという、安全上の大きな問題点です。また、通信の相手によって、それぞれかぎを用意して送る必要もあります。

公開かぎ暗号は、これらの共通かぎ暗号の問題点を見事に解決しましたが、長い平文を暗号化したとき、通信速度が遅くなるという問題点がありました。暗号化にも復号にも、計算に時間がかかるからです。その点、共通かぎ暗号には通信速度が速いという長所がありました。

そこで登場したのが、共通かぎ暗号と公開かぎ暗号、それぞれの短所を補い合う「ハイブリッド方式」です。ハイブリッドとは、異なる要素を組み合わせたもの、という意味です。

共通かぎ暗号と公開かぎ暗号を組み合わせたこの方法は、より実用的な暗号方式として、現在、さまざまなところで利用されています。たとえば、インターネットを利用するウェブサイトなどの暗号化をおこなうSSL／TLS（→50ページ）や、電子メールを暗号化するPGP（→53ページ）などです。

共通かぎ暗号と公開かぎ暗号の長所と短所

暗号を送る前に、かぎを共有する必要があり、安全なかぎの受けわたしがむずかしい。通信速度は速い。

暗号化のかぎを公開するため、配る手間がかからない。秘密かぎは自分で持っているので安全。通信速度が遅い。

共通かぎを公開かぎで暗号化する

　公開かぎ暗号の高い安全性と、共通かぎ暗号の通信速度の速さを生かすには、どうすればよいでしょうか。

　考えられたのは、共通かぎ暗号の共通かぎを公開かぎ暗号の公開かぎで暗号化して送るという方法です。共通かぎさえ安全に相手と共有できれば、そのあとのやりとりは共通かぎ暗号でもじゅうぶん安全におこなうことができます。そのうえ、共通かぎ暗号なので、通信速度は速いのです。

　ハイブリッド方式は、共通かぎ暗号と公開かぎ暗号のいいところだけを利用できる方式といえます。

ハイブリッド方式のしくみ

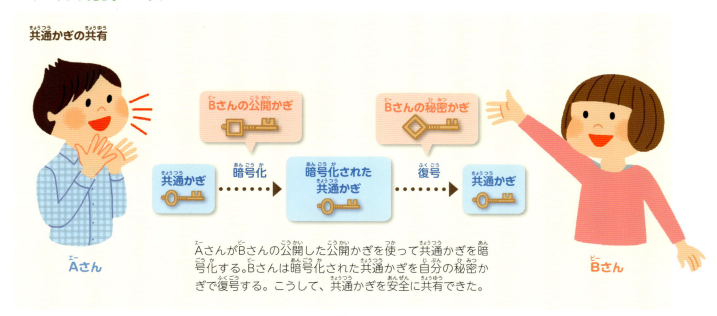

共通かぎの共有

AさんがBさんの公開した公開かぎを使って共通かぎを暗号化する。Bさんは暗号化された共通かぎを自分の秘密かぎで復号する。こうして、共通かぎを安全に共有できた。

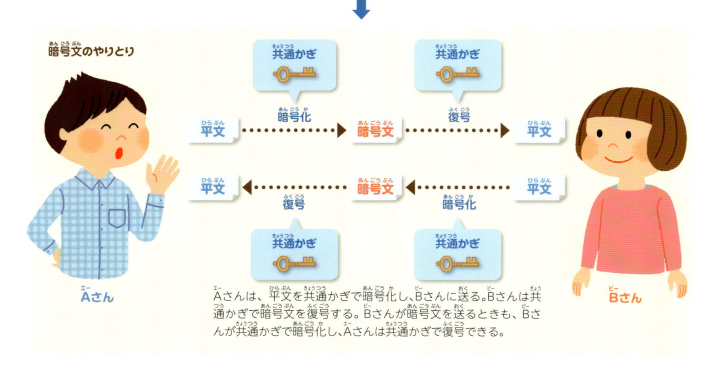

暗号文のやりとり

Aさんは、平文を共通かぎで暗号化し、Bさんに送る。Bさんは共通かぎで暗号文を復号する。Bさんが暗号文を送るときも、Bさんが共通かぎで暗号化し、Aさんは共通かぎで復号できる。

暗号をつくってみよう！

暗号をつくるには、文字を入れかえたり、置きかえたりします。暗号方式やかぎをかえると、自分だけの暗号をつくることができます。

文字を入れかえて暗号文をつくろう！

マスにたてに書いた文を、横向きにならびかえると、かんたんな転置式暗号（→12ページ）ができます。

暗号方式：たてに書いた文を、横向きにならびかえる
かぎ：たて5マス、横4マス

もとの文 「わがはいはねこである。なまえはまだない。」

暗号化
①もとの文を、マスにたてに書く。
②横向きにならびかえて、文字の順序を入れかえる。

ま	°	ね	わ
だ	な	こ	が
な	ま	で	は
い	え	あ	い
°	は	る	は

暗号文 「わね。まがこなだはでまないあえいはるは。」

文字を置きかえて暗号をつくろう！

ひらがなの50音表のまわりに文字や数字、記号などを書いて、文字を置きかえると、換字式暗号（→14ページ）ができます。

暗号方式：ひらがなを記号や文字に置きかえる
かぎ：50音表のまわりの記号や文字

もとの文 「わがはいはねこである」*

暗号化
①ひらがなの50音表のまわりに記号や文字を書く。
②ひらがなをまわりの記号や文字の組み合わせで表す。

9	8	7	6	5	4	3	2	1	0	
わ	ら	や	ま	は	な	た	さ	か	あ	A
	り		み	ひ	に	ち	し	き	い	B
お	る	ゆ	む	ふ	ぬ	つ	す	く	う	C
	れ		め	へ	ね	て	せ	け	え	D
ん	ろ	よ	も	ほ	の	と	そ	こ	お	E

暗号文 「9A1A5A0B5A4D1E3D0A8C」

情報を伝える相手には、事前に暗号方式とかぎを伝えておくよ。復号するときは、暗号化と逆の手順をたどればいいんだね。

＊もとの文のなかのだく点は、無視して暗号化する。復号した人は、だく点がつくかどうかを文脈から判断する。

第3章
私たちのくらしと暗号

私たちは、ウェブサイトや電子メールなどを毎日のように使い、知らないうちに暗号を利用しています。この章では、私たちのくらしのなかでの暗号のはたらきや、より便利なくらしのために研究されている暗号を紹介します。

安全なウェブサイトを利用するために

ウェブサイトと暗号

インターネットを利用するためのWWWというサービスは、そのままでは安全性が低いため、暗号のしくみを取り入れています。

通信を暗号化する「SSL/TLS」

インターネットに接続するためのサービスに、WWWがあります。だれでも使えて便利なものですが、セキュリティ対策がほとんどされていないため、やりとりする情報がぬすまれたり、コピーされたりする危険があります。

そこで、1994年、アメリカのネットスケープ社は、自社のブラウザ（インターネット上のウェブページを表示するためのソフト）に、通信を暗号化できる「SSL」というプロトコル（通信のための決まり）を組みこみました。これにより、ネットショッピングやインターネット上での銀行の利用、企業や公的機関との書類のやりとりなどが、安全にできるようになりました。現在は、SSLをもとにしたTLSというプロトコルが使われていて、多くの場合はSSL/TLSと表記されます。

SSL/TLSのしくみ

SSL/TLSには、共通かぎ暗号と公開かぎ暗号を組み合わせたハイブリッド方式（→46ページ）の暗号が用いられています。

利用者がSSL/TLSで暗号化されたウェブページを開こうとすると、ウェブサイトから証明書と公開かぎが送られます。利用者のコンピュータが、証明書を正しいと判断すると、利用者の共通かぎをウェブサイトの公開かぎで暗号化してウェブサイトに送ります。ウェブサイトでは、秘密かぎで復号し、利用者の共通かぎを手に入れます。

これらのやりとりは、すべて自動でおこなわれるため、ウェブサイトの利用者は特別な操作をすることなく、便利に利用できます。そのあとは、共有した共通かぎを使って、暗号化した情報でやりとりをおこないます。

暗号化と復号が自動でおこなわれるから、だれでも利用できるね。

SSL/TLS通信のやりとり

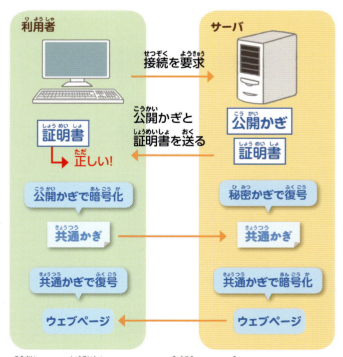

公開かぎや証明書のやりとり、共通かぎの受けわたしは、すべてコンピュータによって自動でおこなわれる。その後、共通かぎを使って利用者はウェブページ上での情報のやりとりを安全におこなうことができる。

安心して使えるウェブサイト

SSL/TLSを使っているウェブサイトなら、安心して使えます。そのウェブサイトがSSL/TLSを使っているウェブサイトかどうかは、どうすればわかるのでしょうか。

ウェブページの上部にはURLが表示されています。SSL/TLSを使っているウェブページの場合、URLの最初の部分が「https」となっていて、近くに錠前のマークが表示されています。その錠前マークをクリックすると、そのウェブサイトがSSL/TLSを使っているため安全性に問題がないことを示す認証内容や、認証をおこなった認証局などの公的機関名などが表示されます。

SSL/TLSの確認方法

ウェブページ上部に表示されるURLの最初の部分が、「https」になっているかどうかを確認する。錠前マークが表示されていることが目印になる。

※ブラウザによって画面は異なる。

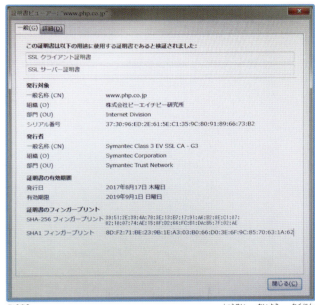

錠前のマークをクリックすると、くわしい証明の内容を確認できる。

証明書があるから、安心して利用できるね。

なぜ「証明書」が必要なの?

ウェブサイトの運営者(サーバの管理者)がSSL/TLSの暗号化通信をおこなうには、「SSL/TLSサーバ証明書」が必要です。これは、ウェブサイトの運営者が本人であることを証明するものです。なぜ証明が必要なのでしょうか。

たとえばAさんの公開かぎとして公開されているものが、じつはBさんがAさんになりすまして公開したものかもしれないからです。Aさんの公開かぎと信じて、Cさんが情報を暗号化してAさんに送ると、Aさんが復号できないだけでなく、Bさんに情報をぬすまれる危険もあります。それで、公開かぎが本当にその人のものなのかを証明する必要があるのです。

本人であると証明してくれるのが認証局という機関です。ウェブサイトの運営者は、公開かぎと共通かぎを作成し、身分を証明するものといっしょに認証局に提出します。認証局によって認証されると、そのウェブサイトは利用者が安心して見ることができます。

電子メールの安全対策

電子メールと暗号

さまざまな情報をやりとりすることができる電子メールの送受信でも、その安全性を高めるために暗号が利用されています。

電子メールの危険性

電子メールは、送信者と受信者の間で、文章や画像などの情報をやりとりすることができる、インターネット上の手紙のようなものです。

送信者がコンピュータから送った電子メールは、まず送信者が契約しているプロバイダ（インターネット接続業者）のメールサーバに送られます。メールサーバからインターネットを通って、受信者が契約しているプロバイダのメールサーバに送られます。受信者がインターネットに接続すると、メールサーバに保管されている自分あての電子メールを見ることができます。

インターネットにつながっているため、とちゅうでほかの人が電子メールをのぞいたり、電子メールを改ざんしたりする危険性がありました。そこで、情報を安全にやりとりできるように、さまざまな暗号が使われています。

電子メールとメールサーバ

電子メールは、はがきを郵便で送るようなものです。メールサーバどうしをつなぐインターネットを経由しているぶん、多くの人に内容を見られる危険性があります。

メールサーバは、郵便にたとえるとポストになるんだね。

電子メールが届くしくみ

①受信者のメールアドレスに電子メールを送信する。

②送信者のメールサーバからインターネットを経由して受信者のメールサーバに送られる。

③受信者のメールサーバに電子メールが届き、コンピュータで見る。

郵便にたとえると…

①はがきをポストに入れる。

②郵便局員がはがきを配送する。

③自宅ポストに、はがきが届く。

電子メールを「のぞき見」から守る

コンピュータに届いたメールを他の人が読むのを防ぐ対策は、いくつも考えられています。そのひとつが、パスワードです。

メールサーバに保管された電子メールを読むときに、受信者がパスワードを入力して、本人確認をするしくみを「POP3」といいます。しかし、POP3には、パスワードを他人に知られると、メールを見られてしまうという弱点がありました。そこで、パスワードを暗号化して、他人にもとのパスワードを知られないようにする「APOP」という方式が考えられました。

つぎに考えられたのが、パスワードだけでなく内容もSSL/TLS（→50ページ）の技術を使って暗号化する「POP3s」という方式です。これにより、メールの受信の安全性は高まりました。

また、送信者がパスワードを使って本人であることを認証してもらい、メールを送信する方式を「SMTP」といいます。現在は、パスワードに加えて、メールの内容をSSL/TLSで暗号化する「SMTPs」が登場しています。

パスワードと暗号化

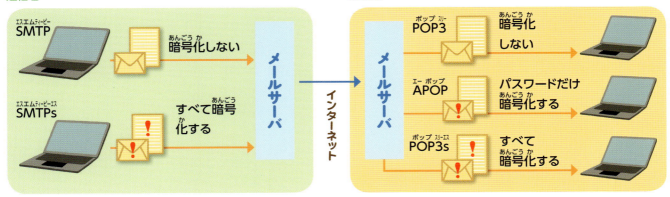

インターネット上で電子メールを守る

POP3sやSMTPsで守れるのは、自分のコンピュータと自分が接続しているメールサーバの間だけです。インターネット上では、電子メールを守ることはできません。そのため、インターネット上で電子メールを守る、さまざまな暗号技術も、研究・開発されています。

「PGP」と「S/MIME」は、共通かぎ暗号と公開かぎ暗号のハイブリッド方式（→46ページ）を用いています。PGPでは、公開かぎに知り合いどうしで署名し、そのうちひとりの公開かぎが信頼できれば、全員の公開かぎが信頼できるとみなします。S/MIMEは、認証局の発行した電子証明書によって、公開かぎの安全性を保証します。

公開かぎの安全性

PGP
知り合いどうしで公開かぎに署名し、公開かぎの安全性を保証するもの。個人の信頼で成り立つ公開かぎ管理の方式。

S/MIME
認証局で発行された電子証明書により、公開かぎの安全性を保証するもの。企業の利用で広まった公開かぎ管理の方式。

現金を使わなくても買い物ができる
電子マネーと暗号

私たちは、ICカードを使って電車やバスに乗ったり、買い物をしたりしています。現金を使わずに買い物できるサービスにも、暗号が欠かせません。

現金の性質と「電子現金」

現金でものを買うことができるのは、現金が安定した価値をもっていると信用されているからです。日本では、日本銀行がすべての現金を発行し、その価値を保証しています。現金には、右のような性質があります。

現金の価値を電子データにしてお金の支払いを可能にしようというシステムが「電子現金」です。似たようなシステムに、クレジットカードやプリペイドカードがありますが、電子現金には、現金の性質をもつことがもとめられます。暗号の技術で、現金の性質を再現する研究が進められています。

現金の性質
①にせものをつくることができない（偽造不可能性）。
②わたしたり、受け取ったりした記録が残らない（匿名性）。
③直接わたしたり受け取ったりできる（センター不要）。
④わたしたり、受け取ったりを何度でもくり返すことができる（転々流通性）。
⑤支払いの限度額がない（決済額無制限）。

かんたんにコピーできる電子データに現金と同じ性質をもたせるのはむずかしい。これを実現するには暗号の技術が欠かせない。

現金のように使えるICカード

現金の価値を電子データに置きかえて、かんたんにお金の支払いができるようにしたものを「電子マネー」といいます。

たとえばICカードの場合、利用者があらかじめ現金をチャージ（電子マネーの発行者に現金を支払うこと）しておくと、その金額ぶんの支払いに電子マネーを利用することができます。

利用者は現金のように電子マネーを使うことができますが、残高などの情報がICカード内や電子マネーの発行者のもとに残ります。そのため、わたしたり、受け取ったりした記録が残らないという現金の性質を再現できているわけではありません。

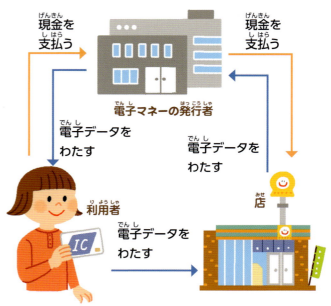

現金と電子データの流れ

ICカードを利用すると、現金の流れと電子データの流れができる。

電子マネーの安全対策

ICカードの中に組みこまれているICチップには、チャージされている金額や電子マネーがなにに使われたかという情報などが記録されています。これらの情報が書きかえられたり、コピーされたりすることを防ぐため、情報は暗号を用いた認証技術によって守られています。

電子マネーを使うときは、ICカードを専用の読みとり装置にかざします。このとき、情報が書きかえられていないことを装置が確認します。また、同時に読みとり装置が不正なものでないかどうかをICカード側も確認します。

認証による確認

読みとり装置が不正なものでないか？

電子マネーに不正がないか？

公開かぎ暗号を利用して、ICカードと読みとり装置、それぞれの認証をおこない、不正を防いでいる。

これからの電子現金

現在広く使われている電子マネーでは、現金の性質を再現できてはいません。電子現金実現のために、暗号技術にはどんなことがもとめられるのでしょうか。

たとえば不正使用を防止するためには、使用した人がわかるほうが安全ですが、それでは現金の匿名性という性質が実現できないことになります。不正使用防止と、匿名性の両方を同時にクリアする必要があるのです。

現在、研究が進められている「電子紙幣」という方式は、電子現金それぞれに額面金額や識別番号、電子現金をもつ人のID*などのデジタル情報をもたせるというものです。このデジタル情報について、電子現金を発行するたびに、銀行などの電子現金発行者がデジタル署名をします。

このとき、匿名性を保つために、電子現金の金額以外の情報を見せることなく署名してもらう「ブラインド署名」という方法を使います。そのため、発行者は、だれにどの識別番号の電子現金を発行したのかわかりません。また、電子現金に組みこまれたIDは、不正な使用があった場合にかぎり、外部に知られるため、不正使用の防止効果があると考えられています。

電子現金の実現例

*IDは、identificationの略で、身分証明や識別番号のこと。

第3章 私たちのくらしと暗号

自動で暗号化して情報をやりとりする

テレビ放送と暗号

2011年、テレビ放送は「アナログ放送」から「デジタル放送」に切りかわりました。地上デジタル放送は、受信のために暗号が使われています。

現在のテレビ放送は暗号化されている

かつてのテレビ放送は、音声や映像をそのまま電波にのせて各家庭のテレビに送り届ける方式でした。これを「アナログ放送」といいます。アナログ放送は暗号化されていなかったため、アンテナさえあればだれでも受信して、テレビを見たり、FMラジオを聞いたりすることができました。

2011年*に切りかわったデジタル放送では、放送内容が「MULTI2」（→33ページ）という方式で暗号化されています。デジタル放送を見るには、「B-CASカード」が必要です。このカードにはICチップが組みこまれていて、暗号化されて送られてくる映像を復号するかぎが入っています。

*岩手県、宮城県、福島県で切りかわったのは、2012年。

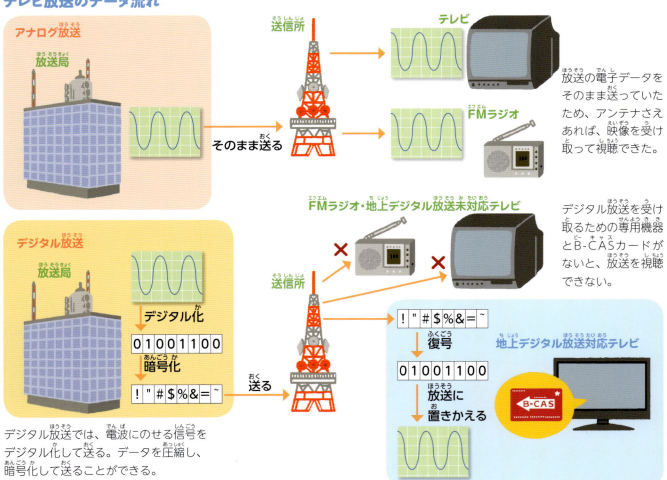

デジタル放送では、電波にのせる信号をデジタル化して送る。データを圧縮し、暗号化して送ることができる。

3種類のかぎで暗号化

デジタル放送は、CASという方式でテレビ放送をおこなっています。「スクランブルかぎ」「ワークかぎ」「マスターかぎ」の3種類のかぎを使います。スクランブルかぎとワークかぎは、すべてのB-CASカードで共通のかぎです。マスターかぎは、それぞれのB-CASカードごとに異なる固有のものです。

放送データは、スクランブルかぎで暗号化されて電波にのせられます。スクランブルかぎは約1秒ごとに新しくなるので、そのたびに、ワークかぎで暗号化されて電波にのせられます。さらにワークかぎは、マスターかぎで暗号化されて電波にのせられます。

3種類のかぎで暗号化された放送データを、それぞれのテレビで受信します。そして、B-CASカードに入っているマスターかぎでワークかぎを、ワークかぎでスクランブルかぎを、スクランブルかぎで放送データを復号します。こうして、視聴者は映像を見られるのです。

また、ワークかぎは、番組に関するさまざまな情報の送信にも使われます。安全のため、約1年ごとに新しくなります。それぞれのB-CASカード固有のかぎであるマスターかぎは、契約情報などを受信するときにも使われます。

放送データの暗号化と復号

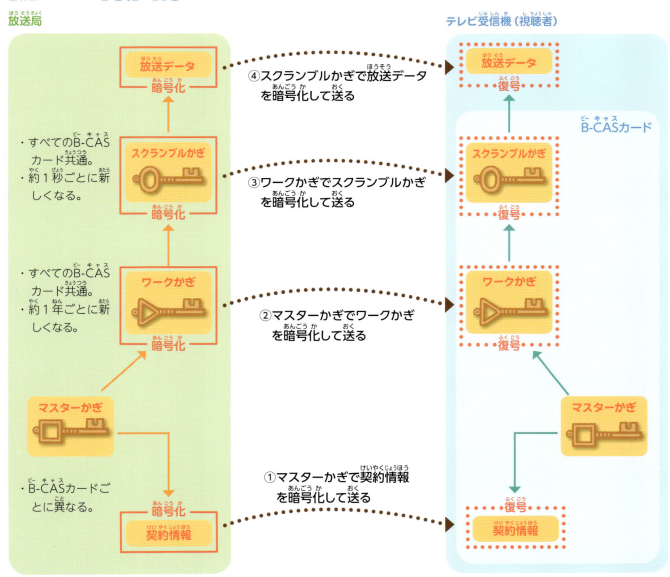

＊TRMPという方式で復号しているテレビもある。

投票者と投票内容をわからないようにする

電子投票と暗号

通信ネットワークを使って選挙の投票をおこなうことを、「電子投票」といいます。投票所に行かなくても投票できるしくみにも、暗号が必要です。

選挙と電子投票

ふつう、選挙では、投票所に行って投票します。支持する立候補者や政党の名前を投票用紙に書いて投票箱に入れるのです。集まった投票用紙は、手作業で集計して結果を公表します。

電子投票ができれば、わざわざ投票所に行かなくてすみますし、集計にも時間がかからないなどのメリットがあります。

日本では、2002年に岡山県の新見市長・市議選挙で、投票所には行きますが、はじめて電子投票がおこなわれました。そのあと、一部の地方自治体でもおこなわれています。

電子投票にはたくさんのメリットがありますが、選挙に必要な性質を満たすのは、むずかしい問題です。コンピュータが外部からの侵入を受けたり、暗号が解読されたりして、投票結果が不正に変えられる心配もあります。しかし、電子投票ができるようになれば、投票率も上がると考えられ、研究が進められています。

電子投票のメリット
① 開票時間を大幅に短縮できる。
② 字が読めないなどのあいまいな票がなくなる。
③ 投票所まで行けない人でも投票がしやすくなる。
④ 選挙にかかる人件費などの費用をへらせる。

選挙に必要な5つの性質
① だれがだれに投票したかわからないこと（無記名性）。
② ①の記録自体が残らないこと（無証拠性）。
③ 開票まで結果がだれにもわからないこと（公平性）。
④ 不正がおこなわれる余地がないことが明らかなこと（透明性）。
⑤ なりすましなどを防げること（不正投票防止）。

5つの性質を満たすのはむずかしく、電子投票のしくみは複雑になる。インターネット上でおこなうには、課題が多い。

現在の電子投票の手順

①「投票所入場整理券」を持って、投票所へ行く。
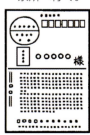

②電子投票機で投票する候補者を選ぶ。

③各投票所の投票結果を集計して発表する。

まだ投票結果をインターネットでは、やりとりできないんだね。

現在の方法では、開票時間の短縮にはなるが、投票所に行かなくてはならない。各投票所の投票結果は、CD-ROMなどに記録されて集められ、集計される。

だれもが安心して投票できる選挙に

電子投票でも、選挙に必要な5つの性質（左ページ）をクリアするためのしくみが研究されています。現実的な方法として、「ブラインド署名（→55ページ）」と「ミックスネット」という匿名通信方式を組み合わせておこなうことが考えられています。

選挙の投票では、二重投票を防ぐために選挙管理者の署名が必要です。ふつうのデジタル署名では、だれがだれに投票したのかを管理者に知られてしまうため、内容を見られずに署名してもらうブラインド署名を使って署名してもらうのです。

ブラインド署名を受けた票は、投票者から集計者に届けられるときに、ふたつ以上の中継センターを経由します。センター1とセンター2、そして集計者は、それぞれが公開かぎを用意して票を3重に暗号化します。投票者と投票内容が同時にわかることはないので、投票者は安心して投票できます。このしくみが、ミックスネットです。

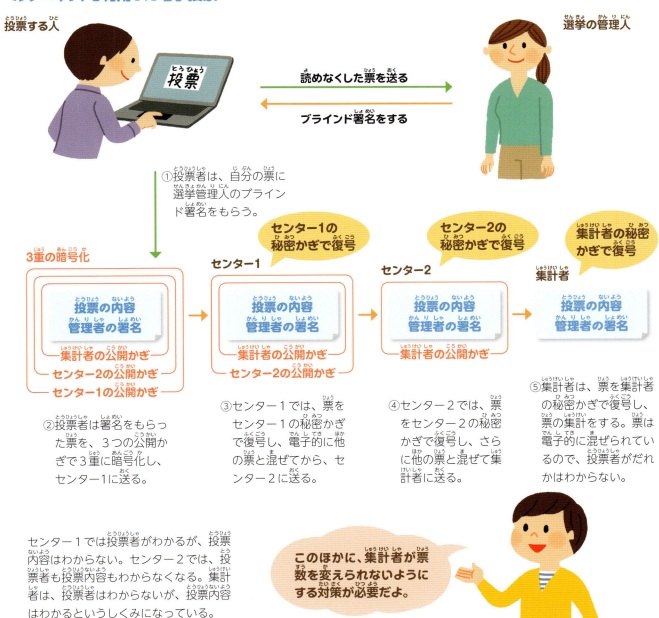

ミックスネットを利用した電子投票

①投票者は、自分の票に選挙管理人のブラインド署名をもらう。

②投票者は署名をもらった票を、3つの公開かぎで3重に暗号化し、センター1に送る。

③センター1では、票をセンター1の秘密かぎで復号し、電子的に他の票と混ぜてから、センター2に送る。

④センター2では、票をセンター2の秘密かぎで復号し、さらに他の票と混ぜて集計者に送る。

⑤集計者は、票を集計者の秘密かぎで復号し、票の集計をする。票は電子的に混ぜられているので、投票者がだれかはわからない。

センター1では投票者がわかるが、投票内容はわからない。センター2では、投票者も投票内容もわからなくなる。集計者は、投票者はわからないが、投票内容はわかるというしくみになっている。

このほかに、集計者が票数を変えられないようにする対策が必要だよ。

人のからだを使った認証技術とその応用

生体認証と暗号

からだの特定の器官などを用いて人物を特定する技術を「生体認証」といいます。現在、生体認証の技術を用いて、文書を暗号化する技術が研究されています。

人を特定する技術

私たちのからだは、それぞれの人が異なる特ちょうをもっています。その特ちょうを利用して、人物を特定することができます。

人物を特定する器官としてよく知られているものに、「指紋」があります。たとえば警察では、指紋の特ちょうがよく表れる12か所の点を比べることで、人物を特定する技術を用いています。この鑑定法で、同じ特ちょうをもつ人物がふたりいる確率は、1兆分の1といわれています。

また、人のすべての細胞の中にあり、人体の設計図ともいえるDNAも、血がつながっているかどうかや犯罪にかかわる人物の特定などに利用されています。

このように、からだの一部を用いて本人であることを確認する技術を「生体認証」といいます。現在、センサーなどを用いた生体認証は、コンピュータのログイン*や、銀行ATMなどでの本人確認など、身近な場所で広く使われています。これらの生体認証には、指紋だけでなく、ひとみの中の虹彩とよばれる部分や、手のひらの静脈、顔など、さまざまな部位が利用されています。

*コンピュータを使える状態にしたり、ネットワークに接続したりすること。

生体認証に使われるからだの部分

指紋
指にある細かいしわ。

スマートフォンのロックを解除したり、自動車のキーのかわりに使ったりすることもある。

虹彩
瞳孔のまわりにある少し色のうすい部分。虹彩の模様には、その人固有のパターンがある。カメラで撮影して、データ化できる。

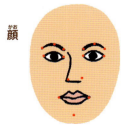

顔
目や鼻などの特ちょうから本人かどうかを判断する。保存された写真から同一人物を探すなど、認証以外にも使われる。

DNA
すべての細胞にあり、からだの設計図となるもの。親子やきょうだいでは一致する部分があるので、親子関係の有無を調べるときなどに利用される。

手のひらの静脈など、認証に使える部分はたくさんあるよ。

生体認証を利用した暗号化

生体認証は、本人確認やパスワードとして広く使われています。コンピュータの生体認証も、コンピュータが他人に使われないようにする技術で、データそのものを守る技術ではありません。そのため、文書をコンピュータの外に持ち出したり、電子メールで他人に送ったりしたときには、その文書を守ることはできません。

そこで、生体認証の技術を用いて、文書そのものを守る技術が研究されています。

そのひとつに、DNA情報を利用した公開かぎ暗号の所有者証明の方法が研究されています。まず、DNAの中にある、個人ごとに異なる情報*を、50けたほどの数字に置きかえて個人の固有値にします。この数字を公開かぎに利用することで、その公開かぎをだれがつくったのかが確認できるしくみです。DNAを使った固有値には同じものが存在しないので、本人であることが証明できます。

*身体的特ちょうや病気に関する情報をふくまない部分を使う。

DNAによる公開かぎの認証の例

DNAの情報から公開かぎをつくるには、まず、利用者が「生体情報登録局」というところで自分のDNAの情報を測定し、登録します。ここで、DNAの情報を数字に置きかえて固有値をつくります。その固有値から、利用者が公開かぎと秘密かぎをつくります。

そして、公開かぎとその他の情報をあわせて、認証局に登録します。このとき認証局は、すでに同一の公開かぎが登録されていないことを確認します。そして、生体情報登録局からDNAの固有値からつくった値を送ってもらい、公開かぎが正しいことを確認します。こうして、公開かぎが利用者本人のものであると認証されます。

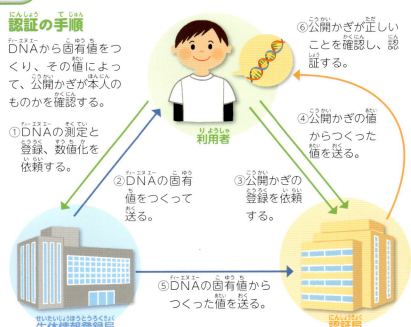

認証の手順
DNAから固有値をつくり、その値によって、公開かぎが本人のものかを確認する。

①DNAの測定と登録、数値化を依頼する。
②DNAの固有値をつくって送る。
③公開かぎの登録を依頼する。
④公開かぎの値からつくった値を送る。
⑤DNAの固有値からつくった値を送る。
⑥公開かぎが正しいことを確認し、認証する。

利用者 / 生体情報登録局 / 認証局

安心できる情報通信社会のために

この章で紹介した以外にも、たとえばスマートフォンやマイナンバー、高速道路で料金を支払うETCなど、さまざまなものに暗号技術が使われています。今では、あらゆる情報通信システムが、暗号技術を必要としています。さらに、たとえば電子投票（→58ページ）のように、暗号技術がなくては成り立たないものも考えられています。現代の暗号は、情報を守る技術というだけではなく、新しいしくみをつくり出す技術にもなってきているのです。

現代の暗号のしくみを理解するのは、むずかしいかもしれません。しかし、すべてを理解しなくても、「httpよりhttpsのほうが安全」であることを知っていれば、安全に通信ネットワークを利用することができます。暗号について知ることは、より安心して情報通信社会を生きるために、必要な知恵なのです。これからも、新しい暗号技術の研究は進められます。私たちは、「安全な暗号」を選ぶために、暗号技術について、もっと知る必要があるのではないでしょうか。

さくいん

数字

2進法	28
10進法	28

アルファベット

AES暗号	33、35、36
APOP	53
ASCIIコード	28
B-CASカード	6、56
Camellia	33
CAS	57
CIPHERUNICORN	33
CLEFIA	33
DES暗号	33、34、36
DNA	7、60
D暗号	20
Hierocrypt	33
https	51、61
ICカード	6、32、54
KASUMI	33
MISTY	33
MULTI2	33、56
PGP	46、53
POP3	53
POP3s	53
RC4	32
RSA暗号	40、42、44
S/MIME	53
SC2000	33
SMTP	53
SMTPs	53
SSL	32、50
SSL/TLS	46、50、53
SSL/TLSサーバ証明書	51
Sボックス	36
TLS	50
URL	51
WPA2	37
WWW	50

あ行

アドルマン	40
アナログ放送	56
暗号	8
暗号化	13
暗号機	18、27
暗号表	16
暗号方式	26、30、34
インターネット	6、24、26、34、50、52
上杉暗号	16、30
ウェブサイト	32、46、50
衛星放送	33
エニグマ	18

か行

海軍暗号書D	20
改ざん	24、39、52
解読	13
換字式暗号	14、18、48
顔認証	7
かぎ	13
九一式欧文印字機	19
九七式欧文印字機	18
共通かぎ	30、47
共通かぎ暗号	30、32、34、46
公開かぎ	30、39、42、47、61
公開かぎ暗号	30、38、40、46、61
虹彩	60
コード化	20、28、32
コード式暗号	20
コード・トーカー	22
コンピュータ	8、25、28、34、45、50

さ行

サーバ	50
薩隅方言	22

項目	ページ
シーザー暗号	14、17、26、29、30
字変四十八	16
指紋	7、60
シャミア	40
スキュタレー	12
スキュタレー暗号	12、30
スクランブルかぎ	57
ステガノグラフィー	11
ストリーム暗号	32
スマートフォン	6、61
生体情報登録局	61
生体認証	60
選挙	58
線形解読法	35
全数探索法	35
素因数分解	45
素数	40、42、44

た行

項目	ページ
タブレット	6
単換字暗号	15
地上デジタル放送	33、56
チャージ	54
デジタル署名	39、55、59
デフィー	39、40
テレビ	6、56
電子現金	54
電子証明書	53
電子投票	58、61
電子マネー	54
電子メール	46、52
転置式暗号	12、48
盗聴	24

な行

項目	ページ
ナバホ族	22
なりすまし	24
認証	8、39、51、53、55、60
認証局	51、53、61
ぬすみ見	24

は行

項目	ページ
パープル暗号	18、26
バイト	28、32
ハイブリッド方式	46、50、53
パスワード	53、61
パソコン	6、24、37
ヒエログリフ	10
ビット	28、32
秘匿	8
秘密かぎ	30、39、44、47、61
平文	13
頻度分析	15
復号	13
ブラインド署名	55、59
ブラウザ	50
ブロック暗号	32、34、36
プロトコル	50
プロバイダ	52
べき乗	41、42、44
ヘルマン	39、40
法とする世界	40、42、44

ま行

項目	ページ
マスターかぎ	57
ミックスネット	59
ミッドウェー海戦	21
無線LAN	32、37
文字コード	28

ら行

項目	ページ
ラインダール	37
乱数	20
リベスト	40、45
レッド暗号	19
ロゼッタストーン	10

わ行

項目	ページ
ワークかぎ	57

■ 監修者紹介
伊藤 正史（いとう・まさし）
1976年、静岡県生まれ。中央大学卒。同大学院修士課程修了。テレビ放送における通信との連携技術や情報セキュリティの最前線で活躍している。著書に『図解雑学 暗号理論』(ナツメ社) がある。

■ 写真提供
新潟県立図書館／ForYourImages／Fotolia boonchok／iStock(paylessimages)／NSA／photolibrary／pixta／The Metropolitan Museum

■ 取材協力
株式会社ビーエス・コンディショナルアクセスシステムズ

■ おもな参考文献
『図解雑学 暗号理論』伊藤正史著(ナツメ社)
『暗号事典』吉田一彦・友清理士著(研究社)

- ●編集制作：株式会社童夢
- ●執筆協力：山内ススム
- ●イラスト：オカダケイコ
- ●装丁・本文デザイン：株式会社ダイアートプランニング
- ●校正：株式会社ぷれす、株式会社夢の本棚社

暗号の大研究
歴史としくみをさぐろう！

2018年8月3日　第1版第1刷発行

監修者	伊藤正史
発行者	瀬津 要
発行所	株式会社PHP研究所

東京本部　〒135-8137　江東区豊洲5-6-52
　　　　　児童書出版部　☎03-3520-9635（編集）
　　　　　児童書普及部　☎03-3520-9634（販売）
京都本部　〒601-8411　京都市南区西九条北ノ内町11
PHP INTERFACE　https://www.php.co.jp/

印刷所　共同印刷株式会社
製本所　東京美術紙工協業組合

©PHP Institute,Inc. 2018 Printed in Japan　　　ISBN978-4-569-78783-1

※本書の無断複製(コピー・スキャン・デジタル化等)は著作権法で認められた場合を除き、禁じられています。また、本書を代行業者等に依頼してスキャンやデジタル化することは、いかなる場合でも認められておりません。
※落丁・乱丁本の場合は弊社制作管理部(☎03-3520-9626)へご連絡下さい。送料弊社負担にてお取り替えいたします。

63P　29cm　NDC007